螺旋波等离子体的诊断和应用

崔瑞林 编著

LUOXUANBO DENGLIZITI DE
ZHENDUAN HE YINGYONG

U0387868

化学工业出版社
·北京·

内容简介

本书深入浅出而又系统地介绍了螺旋波等离子体的基础知识，总结了近年来该领域的研究进展，提供了用于螺旋波等离子体放电特性研究的实验诊断技术，对螺旋波等离子体中的许多复杂物理现象给予了详细的介绍和解释。全书共 5 章：第 1 章主要介绍了等离子体的基本概念与性质，螺旋波等离子体的特性、应用和研究进展；第 2 章着重讲述了螺旋波等离子体的诊断技术，包括探针和光谱技术，重点介绍了基于局域发射光谱方法发展的等离子体密度和电子温度诊断手段，并通过实验证实了测量结果的可靠性；第 3 章基于上述探针和光谱诊断技术，讲述了氩气螺旋波等离子体的模式及转换特性；第 4 章通过探针和局域发射光谱诊断技术，介绍了等离子体的空间分布特性；第 5 章利用数值模拟对等离子体的放电模式以及能量沉积等复杂现象给出了较清晰的解释。

本书可作为高等院校物理专业高年级本科生及研究生的教学参考书，也可作为对等离子体物理感兴趣的教师和研究人员的参考书，还可供从事低温等离子体技术领域的研究人员和技术人员参考使用。

图书在版编目（CIP）数据

螺旋波等离子体的诊断和应用/崔瑞林编著 . —北京：化学工业出版社，2024.8
ISBN 978-7-122-45725-7

Ⅰ.①螺… Ⅱ.①崔… Ⅲ.①螺旋波导-等离子体诊断 Ⅳ.①O536

中国国家版本馆 CIP 数据核字（2024）第 106190 号

责任编辑：严春晖 金林茹　　　　装帧设计：王晓宇
责任校对：赵懿桐

出版发行：化学工业出版社
　　　　　（北京市东城区青年湖南街 13 号　邮政编码 100011）
印　　装：北京天宇星印刷厂
710mm×1000mm　1/16　印张 9½　字数 147 千字
2024 年 9 月北京第 1 版第 1 次印刷

购书咨询：010-64518888　　　　售后服务：010-64518899
网　　址：http://www.cip.com.cn
凡购买本书，如有缺损质量问题，本社销售中心负责调换。

定　　价：98.00 元　　　　　　　　版权所有　违者必究

　　等离子体是物质存在的一种基本形态，被认为是除固体、液体和气体以外物质的"第四种状态"，可以通过对气体进一步加热而形成。也可以认为等离子体是一种电离化的气体，它由电子、离子、原子或分子等粒子组成，整体呈现电中性或准电中性，对外界的电场和磁场具有集体性响应。螺旋波等离子体是等离子体物理学中一个引人注目的研究领域，涉及等离子体中的复杂动力学现象。对螺旋波等离子体的诊断和应用的研究不仅扩展了我们对等离子体行为的理解，还为等离子体应用于能源、材料科学和电推进领域提供了新的可能性。

　　不管是材料工艺还是等离子体推进，其核心都需要产生一个高密度、高电离率的可调控、稳定的等离子体源，这依赖于人们对螺旋波放电的理解和认识。然而，螺旋波放电的高效电离机制一直是科学界备受争议的问题。螺旋波放电存在容性耦合（CCP）、感性耦合（ICP）及波耦合（W）等三种模式，不同 W 模式之间也存在转换（或跳变），导致等离子体密度随功率或磁场发生跳变，而这种跳变（尤其是 W 模式之间的转换）同时可能引起等离子体空间分布的变化，从而对等离子体应用工艺产生重大影响。探索螺旋波放电进入波模式的机制以及波模式下等离子体特性，对其基础和应用研究都具有重大意义。

　　实验是理解放电等离子体的主要手段。螺旋波等离子体的特性参数，例如电子温度、电子密度、等离子体电势和粒子能量分布函数等，对于研究放电的物理过程和空间分布非常重要。目前，实验诊断技术主要有朗缪尔（静电）探针、光学图像和光谱测量、电路电流/电压测试以及磁探针和能量分析仪等测量技术。通常，射频（RF）补偿朗缪尔探针和发射光谱（OES）是实验诊断中最常用的手段，用于测量 RF 或螺旋波等离子体的密度、温度和电势。然而，当采用朗缪尔探针时，射频源或电磁场会对探针的测量产生干扰。此外，在高射频功率下放电管内的高温可能会损坏探针，使得测量等离子体参数变得更加困难。为了避免这些问题，OES实际上成为诊断螺旋波等离子体最强大、无侵入和原位的主要诊断方法之一，它不受射频源或磁场的影响。但传统 OES 并不具备空间分辨能力，得到的是采样区域参数的平均值。对于非均匀等离子体，传统 OES 难以进行空间分辨诊断。因此，在尽可能小的扰动下实现高空间分辨率的OES 测量，是螺旋波等离子体实验研究值得期待的手段。此外，在电势双层诊断方面，传统静电探针需要附加额外的扫描电压而接地，难以完全避免探针尖端的不稳定性和高密度状态下尖端与等离子体之间的可能放电，这使得测量数据误差增大且测量数据可信性大大降低。目前获得的双层电势数据主要来自场滞能量分析仪，但它的尺寸较大，对等离子体的扰动较大，且时间成本高也非常高。发射探针尽管效率较高，但同样存在空间电荷效应问题。因此，采用简单、高效、无干扰或小干扰的诊断手段和测量方法，对于螺旋波等离子体源的基础和应用研究都极为必要。

本书写作的目的是为将要进入这些领域工作的研究生、本科生以及相关技术人员提供螺旋波源的基础研究、诊断技术及其应用的基本知识。本书全面系统地阐述了螺旋波等离子体的基础理论知识，梳理并整合了近年来该领域的最新研究成果。全书共分 5 章，第 1 章重点阐述等离子体的基本理念与性质、螺旋波等离子体的特性、应用及研究进展。第 2 章着重论述螺旋波等离子体的诊断技术，涵盖探针与光谱技术，重点说明基于局部发射光谱方法发展出的等离子体密度和电子温度诊断手段，并通过实验验证了测量结果的可信度。第 3 章以上述探针和光谱诊断技术为基础，讲述氩气螺旋波等离子体的模式及其转换特性。第 4 章借助探针和局部发射光谱诊断技术，介绍等离子体的空间分布特性。第 5 章运用数值模拟，对Plasma 的放电模式以及能量沉积等复杂现象给予相对清晰的解释。

本书可作为高等院校物理学、材料科学与工程等专业的研究生或高年级本科生的参考教材，也可供等离子体物理领域的研究人员以及从事低温等离子体技术工作的技术人员参考使用。

由于作者水平有限，书中不妥之处在所难免，恳请各位读者和同行专家批评指正。

崔瑞林

山西工程科技职业大学

目录

CONTENTS

第 **1** 章

绪论

1.1 等离子体物理理论

1.1.1 等离子体的基本概念

等离子体被认为是物质的"第四种状态",可以通过对气体进一步加热而形成。也可以认为等离子体是一种电离化的气体,它由电子、离子、原子或分子等粒子组成,整体呈现电中性或准电中性[1-3],它对外界的电场和磁场具有集体性响应。因为等离子体中有很大一部分是带电的粒子,所以当电场和磁场存在时,这些带电粒子的运动方程由洛伦兹力和牛顿第二定律共同作用给出[4],如式(1.1):

$$m\frac{\mathrm{d}\boldsymbol{V}}{\mathrm{d}t}=q\left[\boldsymbol{E}(\boldsymbol{r},t)+\boldsymbol{V}\times\boldsymbol{B}(\boldsymbol{r},t)\right] \tag{1.1}$$

式中,m 和 q 分别是带电粒子的质量和电荷量;$\boldsymbol{E}$ 和 $\boldsymbol{B}$ 分别是电场和磁场;$\boldsymbol{V}(t)=\mathrm{d}\boldsymbol{r}/\mathrm{d}t$,是粒子在 $\boldsymbol{r}(t)$ 位置的速度,t 是时间变量。由式(1.1) 可以看到,带电粒子所受的作用力和粒子质量、电荷及速度相关。而等离子体中电子和离子因质量及温度存在很大的不同,所以它们受到的力也有很大的不同。

事实上,电磁场和带电粒子密不可分,带电粒子自身会产生电场和磁场,而它们的运动也会反过来影响电磁场。虽然等离子体呈电中性,但是离子和电子之间会因为相对运动引起电荷分离,并自发形成具有净电荷密度的区域。若这一区域电荷密度为 ρ_q,ε_0 是真空介电常数,则其引起的电场可由泊松方程(1.2) 导出:

$$\nabla\cdot\boldsymbol{E}=\frac{\rho_q}{\varepsilon_0} \tag{1.2}$$

相应的,对带电粒子的作用力(电场力)为 $\boldsymbol{F}=q\boldsymbol{E}$($\boldsymbol{E}$ 也可以用 $\vec{E}$ 表示)。因为离子比电子重得多,所以可以假设离子是固定的,电场力主要作用于电子的运动,即有:

$$m_e\frac{\mathrm{d}\boldsymbol{V}_e}{\mathrm{d}t}=-e\boldsymbol{E} \tag{1.3}$$

式中,m_e 是电子质量;$\boldsymbol{V}_e$ 是电子速度。在一维情形下,电子行为可

由以下方程组描述:

$$\frac{\mathrm{d}\boldsymbol{E}}{\mathrm{d}x} = \frac{\rho_q}{\varepsilon_0} \tag{1.4}$$

$$\frac{\mathrm{d}\boldsymbol{E}}{\mathrm{d}t} = \frac{\mathrm{d}\boldsymbol{E}}{\mathrm{d}x} \times \frac{\mathrm{d}x}{\mathrm{d}t} = V_e \frac{en_e}{\varepsilon_0} \tag{1.5}$$

$$\frac{\mathrm{d}^2 V_e}{\mathrm{d}t^2} = \frac{e}{m_e} \times \frac{\mathrm{d}\boldsymbol{E}}{\mathrm{d}t} = V_e \frac{e^2 n_e}{m_e \varepsilon_0} \tag{1.6}$$

方程(1.6)描述了等离子体中电子绕离子的振荡运动。这一振荡运动的时间尺度由其特征频率表述,且该频率称为等离子体频率 ω_p:

$$\omega_p = \sqrt{\frac{e^2 n_e}{m_e \varepsilon_0}} \tag{1.7}$$

这一频率阐明了等离子体物理的时间依赖性,同时也可以用来研究离子运动以获得离子等离子体频率。在准中性的等离子体中,电子密度近乎等于离子密度,又因为等离子体频率和粒子质量有关,所以等离子体电子的振荡频率远大于等离子体离子的振荡频率。因而一般将等离子体中的电子振荡频率当作等离子体的振荡频率。

存在的某种扰动或电子与离子的相对运动,会导致等离子体某处出现一定电量的正电荷积累,在该电荷静电势作用下,其周围会吸引电子而排斥离子,结果形成带负电的"电子云",电子云的包围会削弱电荷积累以及它对远处带电粒子的库仑力,这种现象称之为静电屏蔽,又叫德拜屏蔽。而等离子体对作用于自身的电场同样具有静电屏蔽能力,静电相互作用的屏蔽距离称为德拜长度 λ_D:

$$\lambda_D = \sqrt{\frac{k_B T_e}{n_e e^2}} \tag{1.8}$$

德拜长度与电子温度和电子密度有关。值得一提的是,在实验室等离子体系统中,等离子体与材料表面相互作用,在表面附近形成一个鞘层。鞘层是非准中性的,且厚度通常是德拜长度量级。

将德拜长度乘以离子等离子体频率可以得到等离子体的一个特征速度,该速度称为玻姆速度或离子声速,见式(1.9):

$$V_B = \sqrt{\frac{k_B T_e}{m_i}} \tag{1.9}$$

如果等离子体是无界的,那么玻姆速度表示自由空间下离子和电子的集体传播速度，因此又叫双极速度。

低温等离子体是非热的（即非热力学平衡），离子和电子能量存在极大不同，且宏观粒子能量不比室温高太多。这种非热、低温等离子体的一个特点是弱电离化，因此中性气体的行为也对等离子体有很强的作用和影响。因为中性粒子不受电磁场作用，它们和电子、离子以及其他中性粒子之间通过碰撞相互作用。中性粒子运动的特征长度称为平均自由程，即一个气体粒子和其他气体粒子在经历一次碰撞之前所经过的平均距离。对于单一种类的中性理想气体，其平均自由程可由式（1.10）给出，式中 n_g 是中性气体密度，σ_m 是动量交换碰撞的碰撞截面。如果一个开放系统的长度远小于平均自由程，粒子在离开系统之前将不可能参与到与其他粒子的碰撞过程中。

$$\lambda_{\mathrm{mfp}} = \frac{1}{n_g \sigma_m} \tag{1.10}$$

中性气体粒子之间碰撞所需时间决定了中性粒子运动的时间尺度，由碰撞频率 ν_m 来表述。碰撞频率和气体密度 n_g、硬球碰撞截面 σ_m 和碰撞粒子之间的相对速度 V 有关，通过式（1.11）给出：

$$\nu_m = \frac{V}{\lambda_{\mathrm{mfp}}} = n_g \langle \sigma_m V \rangle \tag{1.11}$$

中性气体的典型特征是各向同性，具有麦克斯韦分布的特征，所以气体的温度决定中性粒子的平均速度，该平均速度称为热速度 V_{th}，由方程式（1.12）给出：

$$V_{\mathrm{th}} = \sqrt{\frac{8 k_B T_g}{\pi m_g}} \tag{1.12}$$

式中，m_g 表示中性气体质量。

无磁场情况下，电荷粒子的整个运动方程式为：

$$mn \frac{\mathrm{d}V}{\mathrm{d}t} = nqE - \nabla \cdot n - mn\upsilon V \tag{1.13}$$

式中，m 表示电荷质量。

如果粒子处于等温状态且是稳态，方程式（1.13）可以整理为：

$$V = \frac{q}{k_B T} E - \frac{k_B T}{m\upsilon} \times \frac{\nabla \cdot n}{n} \tag{1.14}$$

由于密度梯度的存在而引起的粒子输运可由扩散系数 D 来表征，即：

$$D = \frac{k_B T}{m V_m} \tag{1.15}$$

式中，V_m 表示粒子迁移速率。

因为电场的存在而引起的粒子输运可由迁移率 μ 来描述：

$$\mu = \frac{q}{mV_m} \tag{1.16}$$

通常情况下，由于碰撞作用等离子体内电子具有一个麦克斯韦分布的能量分布函数 $f(\varepsilon)$，且该函数由电子温度来表征：

$$f(\varepsilon) = \frac{2}{\sqrt{\pi}}(k_B T_e)^{-\frac{3}{2}} \varepsilon^{\frac{1}{2}} \exp\left(\frac{-\varepsilon}{k_B T_e}\right) \tag{1.17}$$

在多数低温等离子体中，电离反应主要是由电子和中性原子之间的碰撞所决定的，即电子碰撞电离。由式（1.17）可知，电子温度越高，参与电离的高能电子群也越多。等离子体中碰撞过程的碰撞截面与能量分布有关，电子碰撞反应速率常数 k_f 为：

$$k_f = \int_0^\infty f(\varepsilon)\left(\frac{2\varepsilon}{m_e}\right)^{\frac{1}{2}} \sigma(\varepsilon) d\varepsilon \tag{1.18}$$

由于电子能量分布函数和碰撞反应的碰撞截面都是和电子温度相关的函数，因此反应系数也是一个和电子温度相关的函数。

以上为等离子体常用参数的介绍。在低温等离子体中，除了这些共性，各种等离子体的能量输运方式和电子加热机制都有各自特征。

1.1.2 等离子体中的波

等离子体是由大量带电粒子组成的集合，在等离子体内，带电粒子的运动可以改变电磁场的性质，而电磁场的变化反过来又会影响粒子的运动。即使没有粒子的热运动（"冷等离子体"），静电振荡和电磁波也可能在未磁化的等离子体中传播。在存在外加磁场的情况下，根据等离子体条件和所关注的频率范围，可能会产生额外的静电波和电磁波。等离子体响应取决于所施加波的频率相对于电子和离子等离子体频率（ω_{pe}，ω_{pi}）、电子和离子的回旋频率（ω_{ce}，ω_{ci}）、极化以及外加磁场的传播方向。

对于无限均匀冷等离子体，波的传播可以根据法拉第定律、安培定律和带电粒子的运动方程来计算：

$$\nabla \times \vec{E} = -\frac{\partial \vec{B}}{\partial t} \tag{1.19}$$

$$\nabla \times \vec{B} = \mu_0 \vec{j} + \frac{1}{c^2} \times \frac{\partial \vec{E}}{\partial t} \tag{1.20}$$

$$\frac{d\vec{v}_s}{dt} = \frac{q_s}{m_s}(\vec{E} + \vec{v}_s \times \vec{B}) \tag{1.21}$$

式中，下标 s 表示离子（i）或电子（e）。利用式（1.21）可将质点速度表示为电场和磁场的函数，可以将电流密度 $\vec{j}$ 用波的电磁场来表示。然后将式（1.19）代入式（1.20），电磁波在等离子体介质中的传播可表示为：

$$\nabla \times \nabla \times \vec{E} + \frac{1}{c^2}\boldsymbol{\bar{\varepsilon}} \cdot \frac{\partial^2}{\partial t^2}\vec{E} = 0 \tag{1.22}$$

其中，介电张量 $\boldsymbol{\bar{\varepsilon}}$ 有分量：

$$\boldsymbol{\bar{\varepsilon}} = \begin{pmatrix} S & -iD & 0 \\ iD & S & 0 \\ 0 & 0 & P \end{pmatrix} \tag{1.23}$$

和

$$S = \frac{1}{2}(R+L), D = \frac{1}{2}(R-L) \tag{1.24}$$

式中

$$\begin{cases} R = 1 - \sum_s \frac{\omega_{ps}^2}{\omega(\omega + \omega_s)} \\ L = 1 - \sum_s \frac{\omega_{ps}^2}{\omega(\omega - \omega_s)} \\ P = 1 - \sum_s \frac{\omega_{ps}^2}{\omega^2} \end{cases}$$

回旋频率 ω_s 根据粒子种类来标记。

通过时间和空间上的傅里叶分析，将电场表示为 $\vec{E} = E_0 e^{-i(\omega t - \vec{k} \cdot \vec{r})}$，将式（1.19）转化为：

$$\vec{k} \times \vec{k} \times \vec{E} + \frac{\omega^2}{c^2}\bar{\varepsilon} \cdot \vec{E} = 0 \tag{1.25}$$

传播矢量 $\vec{k}$ 可以用折射率 $\vec{N} = \vec{k}c/\omega$ 代替，且式（1.25）是在笛卡儿坐标系中的矩阵关系：

$$\begin{pmatrix} S - N^2\cos^2\theta & -iD & N^2\cos\theta\sin\theta \\ iD & S - N^2 & 0 \\ N^2\cos\theta\sin\theta & 0 & P^2 - N^2\sin^2\theta \end{pmatrix}\begin{pmatrix} E_x \\ E_y \\ E_z \end{pmatrix} = 0 \tag{1.26}$$

式中，θ 是传播矢量 $\vec{k}$ 与由 Z 轴定义的外加磁场方向之间的夹角。只有当张量的行列式为零时，该方程才有非平凡解。由此产生的四阶关系是冷等离子体波色散关系：

$$AN^4 - BN^2 + C = 0 \qquad (1.27)$$

式中
$$\begin{cases} A = S\sin^2\theta + P\cos^2\theta \\ B = RL\sin^2\theta + PS(1 + \cos^2\theta) \\ C = PRL \end{cases}$$

当色散用等效形式表示时，波在平行或垂直于外加磁场方向上的传播更为明显：

$$\tan^2\theta = \frac{-P(N^2 - R)(N^2 - L)}{(SN^2 - RL)(N^2 - P)} \qquad (1.28)$$

波的传播要求 $\vec{N}$ 有实分量，色散关系用来定义波在已知的 $\omega_{pe,i}$ 和 $\omega_{ce,i}$ 等离子体中传播的频率。

令 $\theta = 0$，即波的传播方向与外加磁场方向平行，通过解等式（1.28）可以获得两种模式的波：一个静电波和两个电磁波。其中，一个电磁波是右手极化波，则在 $\omega_{LH} < \omega < \omega_{ce}$（$\omega_{LH}$ 是低杂化频率，ω_{LH} 约为 $\sqrt{\omega_{ce}\omega_{ci}}$）频率范围内，色散关系为：

$$N_R^2 = 1 - \frac{\omega_{pe}^2}{\omega(\omega - \omega_{ce})} - \frac{\omega_{pi}^2}{\omega(\omega + \omega_{ci})} \qquad (1.29)$$

另一个电磁波是左手极化波：

$$N_L^2 = 1 - \frac{\omega_{pe}^2}{\omega(\omega + \omega_{ce})} - \frac{\omega_{pi}^2}{\omega(\omega - \omega_{ci})} \qquad (1.30)$$

当频率达到电子回旋频率（$\omega = \omega_{ce}$）时，式（1.29）会存在一个奇点，对应的折射系数 N_R 将趋于无穷，即波的相速度 $v_p \approx 0$，表明波将在此处发生共振。当 ω 在 ω_{ce} 附近时，这些波有时被称为电子回旋波。当 $\omega \ll \omega_{ce}$ 时，这些波也被称为"哨声波"，它们是因为电离层中的闪电放电而在地球大气层中被发现的。由这种放电激发的波沿地球磁场传播，可以被无线电接收器接收。波的色散使得频率和相速度更高，因此无线电接收器中产生的音频信号具有下降音调的形式。

对于哨声波的频率范围 $\omega_{ci} \ll \omega \ll \omega_{ce}$，色散关系变为：

$$N^2 \approx \frac{\omega_{pe}^2}{\omega\omega_{ce}} \qquad (1.31)$$

对于一个相对于外加磁场以任意角度传播的波（$\theta \neq 0$）：

$$N^2 \approx 1 - \frac{\omega_{\text{pe}}^2}{\omega(\omega - \omega_{\text{ce}}\cos\theta)} \approx \frac{\omega_{\text{pe}}^2}{\omega\omega_{\text{ce}}\cos\theta} \tag{1.32}$$

式(1.32)可以进一步简化，得到标准简化的哨声波（即螺旋波）色散关系：

$$\frac{\omega}{k_z} = \frac{c^2\omega_{\text{ce}}}{\omega_{\text{pe}}^2}k = \frac{B_0}{n_e} \times \frac{k}{\mu_0 e} \tag{1.33}$$

这个表达式是一个简化形式，因为它假设离子是静止的（$\omega_{\text{ci}}=0$），等离子体密度是均匀的，并且忽略了电子惯性效应，这对于 $\omega \sim \omega_{\text{ce}}$ 来说可能是重要的。

哨声波在无限介质（如地球电离层）中的传播，可以用一个均匀的、无限的等离子体色散关系来描述，如式(1.28)。然而，实验室所研究的等离子体通常被真空介质管、天线和磁场线圈所约束。真空介质管通常是圆柱形或是环形的，等同于在等离子体行为上强加了一个笛卡儿坐标系以外的坐标系。在这些条件下，哨声波称为螺旋波，在极化和传播方面也有一些不同的行为。

对于圆柱几何形状的介质管，色散关系必须从波动方程的微分形式开始分析，如式(1.22)。假设波的形式为 $\vec{E}(r,\theta,z,t) = \widetilde{E}(\vec{r})e^{-i(\omega t - k_z z - m\theta)}$，并且利用傅里叶分析，得到了波场中 $\vec{E}$ 分量在 r 中的二阶微分方程。螺旋波色散关系的推导通常用磁场来表示，而磁场又因法拉第定律与电场有关。用于确定磁场的特定方程是法拉第定律、安培定律（忽略位移电流 j_d）和假设离子静止（$\omega_{\text{ci}}=0$）并忽略碰撞（$\nu=0$）和电子惯性（$m_e=0$）的运动方程：

$$\vec{E} = \frac{\vec{j} \times \vec{B}}{n_e e} \tag{1.34}$$

这些方程可以简化为 B_z 的单个方程：

$$\frac{\partial^2 B_z}{\partial r^2} + \frac{1}{r} \times \frac{\partial B_z}{\partial r} + \left[\left\{\left(\frac{\omega}{k_z} \times \frac{e\mu_0 n_e}{B_0}\right) - k_z^2\right\} - \frac{m^2}{r^2}\right]B_z = 0 \tag{1.35}$$

小括号内的部分用总波数 k 来表示，大括号 $\{\}$ 表示波数的垂直分量 k_r：

$$k_r^2 + k_z^2 = k^2 = \frac{\omega}{k_z} \times \frac{e\mu_0 n_e}{B_0} \tag{1.36}$$

上式即为常用的螺旋波的色散关系，如同式(1.33)。

当考虑电子惯性（$m_e \neq 0$）和位移电流（$j_d \neq 0$）时，均匀等离子体中波磁场的完整微分方程为：

$$\omega \; \nabla \times \; \vec{\nabla B} - \vec{k} \omega_{ce} \; \nabla \times \vec{B} + \frac{\omega \omega_{pe}^2}{c^2} \vec{B} = 0 \tag{1.37}$$

式(1.37) 可以被分解成：

$$\left[(\nabla \times) - k_1 \right] \left[(\nabla \times) - k_2 \right] \vec{B} = 0 \tag{1.38}$$

式中，波数 k_1 和 k_2 是 $\delta k^2 - k_z k + (\omega \omega_p^2 / \omega_{ce} c^2) = 0$ 〔其中 $\delta = (\omega + i\nu) / \omega_{ce}$，$\nu$ 是粒子之间的碰撞频率〕方程的常数解。则这两个波数的形式为：

$$k_{1,2} = \frac{k_z}{2\delta} \left[1 \mp \sqrt{1 - \frac{4\delta}{k_z^2} \times \left(\frac{\omega \omega_{pe}^2}{\omega_{ce} c^2} \right)} \right]$$

$$\approx \frac{k_z}{2\delta} \left[1 \mp 1 - \frac{2\delta}{k_z^2} \times \left(\frac{\omega \omega_{pe}^2}{\omega_{ce} c^2} \right) \right] \approx \left\{ \begin{array}{l} \dfrac{\omega \omega_{pe}^2}{\omega_{ce} c^2 k_z} \\[3mm] \dfrac{k_z}{\delta} \end{array} \right. \tag{1.39}$$

其中，根 k_1 为 "—"，代表式(1.34) 中常用的螺旋波；新的根 k_2 为 "+"，给出了一个具有近似色散关系的波（$\upsilon = 0$）：

$$k = k_z \frac{\omega_{ce}}{\omega} = k \cos\theta \; \frac{\omega_{ce}}{\omega} \tag{1.40}$$

这个波频率 $\omega = \omega_{ce} \cos\theta$，显然是电子回旋波，称为 TG 波。这是一种短波长波，仅在低磁场低密度条件才可被观察到，例如 $\omega \sim \omega_{ce}$。在高密度和高磁场等离子体中，例如 $\dfrac{\omega}{k_z c} \ll \dfrac{\omega_{ce}}{2\omega_{pe}}$，等离子体中场主要是螺旋波，如图 1-1 所示。图中，$f = 13.56 \text{MHz}$，$B_0 = 10 \text{mT}$，$n_0 = 1 \times 10^{18} \text{ m}^{-3}$。水平虚线

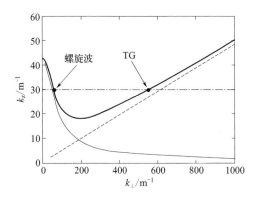

图 1-1　根据式(1.31)（粗实线）和式(1.32)（细实线）绘制的 k_z 与 $k_\perp$ 的关系图

说明，一个给定的轴向波数对应两个垂直波数的解。对角虚线代表的是共振圆锥 $\cos\theta = \omega/\omega_{ce}$，只有在这条虚线左面的波才能在等离子体中传播。

1.2　螺旋波等离子体简介

1.2.1　磁化等离子体

宇宙中的物质 99% 是以等离子体形式存在的，更具体地说，是磁化等离子体。无论是自然界中太阳表面的各种活动，如太阳风对地球磁层的扰动，还是人工产生的热核聚变等离子体，如图 1-2 所示，磁场在其中的作用都是至关重要的。

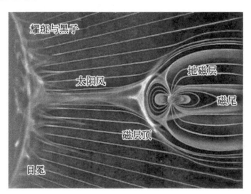

(a) 太阳表面活动

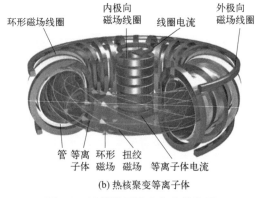

(b) 热核聚变等离子体

图 1-2　以等离子形态存在的物质

当给等离子体施加外磁场后，带电粒子的径向自由运动转变为绕磁场线的回旋运动，轴向的运动却基本不受影响。等离子体由各向同性介质变为各向异性介质。在稳定均匀的磁场中，等离子体对随时间变化的电磁场的响应是非常复杂的。回旋运动会将电磁场对粒子的某一速度分量，转移到另一垂直于磁场的分量上（垂直磁场平面内）。在高频电磁场中，由于离子的低回旋频率与长的回旋半径 $\left(\omega_{ci}=\dfrac{Be}{M}\ll\omega,\ R_{ci}=\dfrac{Mv}{Be}\gg R_{ce}\right)$，有时可以认为离子仍做自由运动。这样可以简化对等离子体的动力学分析。碰撞引起的耗散过程使得对能量传递的分析变得复杂，但是电磁波的运动速度（相速度）通常远高于带电粒子的热运动速度，因此电子、离子的热运动速度造成的影响可以忽略，从而朗道阻尼将不起明显作用。

磁化等离子体的介电张量可以表示为[5]：

$$\epsilon_p=\epsilon_0\boldsymbol{\kappa}_p=\epsilon_0\begin{pmatrix}\kappa_\perp & -\mathrm{j}\kappa_\times & 0\\ \mathrm{j}\kappa_\times & \kappa_\perp & 0\\ 0 & 0 & \kappa_\|\end{pmatrix} \tag{1.41}$$

式中：

$$\kappa_\perp=1-\frac{\omega_{pe}^2}{\omega^2-\omega_{ce}^2} \tag{1.42}$$

$$\kappa_\times=-\frac{\omega_{ce}}{\omega}\times\frac{\omega_{pe}^2}{\omega^2-\omega_{ce}^2} \tag{1.43}$$

$$\kappa_\|=1-\frac{\omega_{pe}^2}{\omega^2} \tag{1.44}$$

考虑在此介质中平面电磁波的传播，此时由麦克斯韦方程中的法拉第定律和安培定律有：

$$\boldsymbol{k}\times\widetilde{\boldsymbol{E}}=\omega\widetilde{\boldsymbol{B}} \tag{1.45}$$

$$\boldsymbol{k}\times\widetilde{\boldsymbol{H}}=-\omega\epsilon_0\kappa_p\widetilde{\boldsymbol{E}} \tag{1.46}$$

由上两式得到磁化等离子体中电磁波的方程：

$$\boldsymbol{k}\times(\boldsymbol{k}\times\widetilde{\boldsymbol{E}})+k_0^2\kappa_p\widetilde{\boldsymbol{E}}=0 \tag{1.47}$$

式中，$k_0=\dfrac{\omega}{c}$ 是在真空中频率为 ω 的平面波的波数，c 为光速。取波矢在

x-z 平面中，这样上式可以写为：

$$
\begin{pmatrix}
k_z^2 & 0 & -k_xk_z \\
0 & k_x^2+k_z^2 & 0 \\
-k_xk_z & 0 & k_x^2
\end{pmatrix}
\begin{pmatrix}
\widetilde{\boldsymbol{E}}_x \\
\widetilde{\boldsymbol{E}}_y \\
\widetilde{\boldsymbol{E}}_z
\end{pmatrix}
= k_0^2
\begin{pmatrix}
\kappa_\perp & -\mathrm{j}\kappa_\times & 0 \\
\mathrm{j}\kappa_\times & \kappa_\perp & 0 \\
0 & 0 & \kappa_\parallel
\end{pmatrix}
\begin{pmatrix}
\widetilde{\boldsymbol{E}}_x \\
\widetilde{\boldsymbol{E}}_y \\
\widetilde{\boldsymbol{E}}_z
\end{pmatrix}
$$

$$(1.48)$$

如果矢量 $\boldsymbol{k}$ 和 $\boldsymbol{B}$ 之间的角度为 θ，则 $k_z=k\cos\theta$，$k_x=k\sin\theta$，其中 $k=|\boldsymbol{k}|$。此外，通常用 $N=k/k_0$ 来对 k 做归一化，这里 N 为波在介质中的折射率。使 $\widetilde{\boldsymbol{E}}$ 方程有非零解的系数行列式为零，得到[5]：

$$
\mathrm{Det}
\begin{pmatrix}
N^2\cos^2\theta-\kappa_\perp & \mathrm{j}\kappa_\times & -N^2\cos\theta\sin\theta \\
-\mathrm{j}\kappa_\times & N^2-\kappa_\perp & 0 \\
-N^2\cos\theta\sin\theta & 0 & N^2\sin^2\theta-\kappa_\parallel
\end{pmatrix}
=0 \qquad (1.49)
$$

上面行列式的结果就是 1.1 节的式(1.9)。即上式给出波的色散方程，它给出了波数、波频率与传播角度的关系。因此，在离子温度 $T_i\approx0$ 的假设下，由磁化等离子体的介质张量也可以推导出哨声波的色散关系。由此，我们从两个角度得到了无界螺旋波的色散关系。通常磁化等离子体中波或者局部振荡的色散关系，例如电子运动主导的左右旋偏振波、寻常波、非寻常波、高混杂振荡，以及离子运动主导的阿尔芬波、磁声波、低混杂振荡等，都可以通过不同等离子体运动特性设定相应的 $\kappa_\perp$、$\kappa_\times$、$\kappa_\parallel$ 来得到[5]。

磁化等离子体的扩散过程也因约束作用和双极电场变得复杂。在等离子体中，磁场对于较小回旋半径的电子扩散过程影响更为重要。考虑一个长的圆柱形等离子体，圆柱轴向是磁场 $\boldsymbol{B}=\hat{z}B_0$ 方向。考虑密度梯度为径向，方向指向圆心。如果电子在绕磁场线回旋运动时经历了某种碰撞，就会改变运动方向，导致回旋中心的移动。移动的平均自由程为一个回旋半径 r_{ce}。这个过程会导致跨磁场（垂直磁场方向）的扩散过程。当 $r_{ce}\ll\lambda_e$ 时，为得到跨磁场的扩散系数，考虑受力平衡方程的垂直分量：

$$
0=qn(\boldsymbol{E}+\boldsymbol{u}_\perp\times\boldsymbol{B}_0)-kT\nabla n-mn\nu_m\boldsymbol{u}_\perp \qquad (1.50)
$$

再将这个矢量方程分解到直角坐标系的两个方向上，有：

$$
mn\nu_m u_x = qnuE_x - kT\frac{\partial n}{\partial x} + qnu_yB_0 \qquad (1.51)
$$

$$mn\nu_{\mathrm{m}}u_y = qnuE_y - kT\frac{\partial n}{\partial y} - qnu_x B_0 \tag{1.52}$$

利用无磁场时的粒子迁移率 $\mu = q/m\nu_{\mathrm{m}}$ 和扩散系数 $D = kT/m\nu_{\mathrm{m}}$ 化简上两式，得到：

$$u_x = \pm\mu E_x - \frac{D}{n}\times\frac{\partial n}{\partial x} + \frac{\omega_{\mathrm{c}}}{\nu_{\mathrm{m}}}u_y \tag{1.53}$$

$$u_y = \pm\mu E_y - \frac{D}{n}\times\frac{\partial n}{\partial y} + \frac{\omega_{\mathrm{c}}}{\nu_{\mathrm{m}}}u_x \tag{1.54}$$

式中，$\omega_{\mathrm{c}} = qB_0/m$ 为回旋频率。定义跨磁场的迁移率和扩散系数[5]：

$$\mu_{\perp} = \frac{\mu}{1+(\omega_{\mathrm{c}}\tau_{\mathrm{m}})^2}, \quad D_{\perp} = \frac{D}{1+(\omega_{\mathrm{c}}\tau_{\mathrm{m}})^2} \tag{1.55}$$

最终得到适量形式解：

$$u_{\perp} = \mu_{\perp}E - D_{\perp}\frac{\nabla n}{n} + \frac{u_{\mathrm{E}}+u_{\mathrm{D}}}{1+(\omega_{\mathrm{c}}\tau_{\mathrm{m}})^{-2}} \tag{1.56}$$

所以仅当有碰撞的时候，才会存在垂直于磁场但平行于密度梯度的迁移运动和扩散流，且它们随磁场强度的增加而减小。当磁场较强且气压较低时，即 $\omega_{\mathrm{c}}\tau_{\mathrm{m}}\gg1$ 时，跨磁场扩散过程会受到很大阻碍。在这种情况下，简化式(1.55)右式得到：

$$D_{\perp} = \frac{kT/(m\nu_{\mathrm{m}})}{1+(\omega_{\mathrm{c}}\tau_{\mathrm{m}})^2} = \frac{kT\nu_{\mathrm{m}}}{m\omega_{\mathrm{c}}^2} \tag{1.57}$$

与 $D = kT/(m\nu_{\mathrm{m}})$ 相比，碰撞频率的位置由分母变到分子。即在没有磁场时，电子运动较快；而当有磁场时，电子被紧密地束缚在磁感应线上，垂直于磁场的运动被极大地限制。若以随机运动的步长来考虑，得到：

$$D = \frac{\pi}{8}\lambda^2\nu_{\mathrm{m}}, \quad D_{\perp} = \frac{\pi}{8}r_{\mathrm{c}}^2\nu_{\mathrm{m}} \tag{1.58}$$

即磁化等离子体中跨磁场运动的特征步长由平均自由程变为回旋半径。

磁场使得等离子体变得各向异性，并使电子的跨磁场输运严重受阻。螺旋波就是在这样的条件下被激发并传播的。

1.2.2　螺旋波等离子体

螺旋波是在磁化等离子体中传播的右旋极化波，其频率介于电子回旋频率和离子回旋频率（$\omega_{ci} < \omega < \omega_{ce}$）之间。螺旋波等离子体利用环绕于圆柱形绝缘介质管外壁的射频驱动天线激发电磁波，波的能量通过碰撞或无碰撞加热的方式被电子吸收，电子与中性粒子碰撞电离产生等离子体。通常，螺旋波放电能非常有效地产生高密度等离子体。螺旋波放电典型的参数包括：磁场 5～1000mT，频率 2～40MHz，气压 0.1～30mTorr（1Torr＝133.322Pa）以及功率 1～5kW，等离子体密度范围为 10^{10}～10^{14} cm^{-3}[1-10]。

相比于其他射频（RF）放电源（如容性耦合等离子体 CCP 和感性耦合等离子体 ICP），螺旋波放电具有其独特特点：

① 等离子体密度高，通常高于 CCP 和 ICP 一到两个量级；

② 电子温度低，通常为几个电子伏；

③ 外部操作参数（磁场、气压、功率）灵活、广泛，且天线通过 RF 电压来激励，因此螺旋波等离子体也可在 CCP 和 ICP 模式下运行；

④ 天线结构种类多，如图 1-3 所示，常用天线有名古屋天线（Nagoya-Ⅲ型天线）、双马鞍天线（Boswell 天线）、螺旋天线（Helical 型天线）、回路天线（Loop 天线）和盘香型天线（Spiral 天线）等；

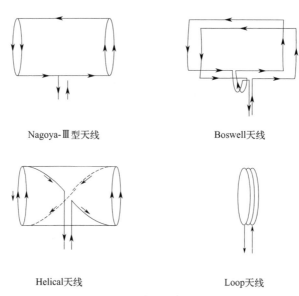

Nagoya-Ⅲ型天线　　　　　　　　　Boswell天线

Helical天线　　　　　　　　　　Loop天线

图 1-3　不同类型的螺旋波天线

⑤ 相比 CCP（天线的 RF 场几乎局域在鞘层内）和 ICP（RF 场被限

制在趋肤层内），天线激发螺旋波向外传播，如图 1-4 所示，螺旋波在等
离子体中的加热穿透较深，通常可在大体积等离子体或长等离子体柱内实
现高电离率。

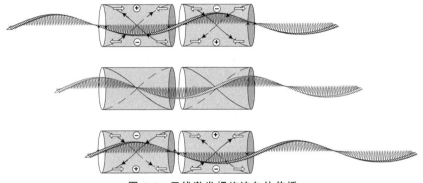

图 1-4　天线激发螺旋波向外传播

1.3　螺旋波等离子体的应用

由于具有有效的波加热模式及等离子体增强约束，螺旋波放电腔室适
合于产生高密度、高离化率的等离子体，可广泛用于不同的等离子体处理
工艺[11-15]，如材料清洗、氧化硅、氮氧薄膜沉积、硅及碳化硅的快速刻
蚀等，如图 1-5 所示。

由于螺旋波等离子体源具有无电极、高比冲的特点，近年来成为电推
进领域的研究热点[16-20]。与其他电推进系统所用等离子体源相比，螺旋
波等离子体源是通过外置射频天线激发电磁波，再通过波耦合把能量传递
给粒子，来产生高密度等离子体。此过程不发生电极烧蚀，在能量和气源
利用效率上都占有很大优势。螺旋波等离子体推力器可分为一阶和二阶推
力器[21-25]。一阶推力器是利用螺旋波放电等离子体内部产生的无电流双
层（DL）对离子进行一定的加速并使之加速喷出形成推力；二阶推力器
是在一阶螺旋波推力器的基础上，增加额外的离子加速装置，如利用磁喷
管、静电栅极、离子回旋加速共振等方式对离子进一步加速，降低束流发
散角来提高推力。比如典型的二级加速装置——可变比冲磁等离子体火箭
（VASIMR）[23]，如图 1-6 所示，其中螺旋波源用于产生高密度等离子体，

而二级加速装置使用射频波的离子回旋共振来加热离子，并通过磁喷嘴将方位角动量转换为轴向动量以加速气体粒子。

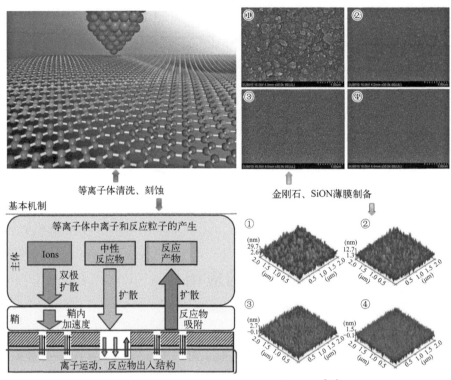

图 1-5　螺旋波等离子体在材料清洗、刻蚀和薄膜制备[12] 方面的应用

(a) VASIMR　　　(b) 简化的VX-200三维模型　　　(c) 真空腔室的示意图

图 1-6　可变比冲磁等离子体火箭

不管是材料工艺还是等离子体推进，其核心都需要产生一个高密度、高电离率的可调控、稳定的等离子体源，这依赖于人们对螺旋波放电的理

解和认识。然而，螺旋波放电的高效电离机制一直是科学界备受争议的问题。螺旋波放电存在容性耦合（CCP）、感性耦合（ICP）及波耦合（W）等三种模式[8-10,26-30]，不同 W 模式之间也存在转换（或跳变）[31-37]，这导致等离子体密度随功率或磁场发生跳变，而这种跳变（尤其 W 模式之间的转换）同时可能引起等离子体空间分布的变化，从而对等离子体应用工艺产生重大影响。探索螺旋波放电进入波模式的机制以及波模式下等离子体特性，对其基础应用和研究均具有重大意义。

螺旋波等离子体的特性参数，例如电子温度、电子密度、等离子体电势和粒子能量分布函数等，对于研究放电的物理过程和空间分布非常重要，这些研究离不开实验诊断。目前实验诊断技术主要有朗缪尔（静电）探针[37-42]、光学图像和光谱测量[27,43-46]、电路电流/电压测试[34,47]、磁探针[48-52] 和能量分析仪[53-56] 等测量技术。通常，RF 补偿朗缪尔探针和发射光谱（OES）是实验诊断中最常用的手段，用于测量 RF 或螺旋波等离子体的密度和温度。然而，当采用朗缪尔探针时，射频源或电磁场会对探针的测量产生干扰。此外，在高射频功率下，放电管内的高温可能会损坏探针，使得测量等离子体参数变得更加困难。为了避免这些问题，OES 实际上成为诊断螺旋波等离子体最强大、无侵入和原位的主要诊断方法之一，它不受射频源或磁场的影响。但传统 OES 并不具备空间分辨能力，得到的是采样区域参数的平均值。对于非均匀等离子体，传统 OES 难以进行空间分辨诊断。因此，在尽可能小的扰动下实现高空间分辨率的 OES 测量是螺旋波等离子体实验研究的期望手段。

1.4　螺旋波等离子体的研究进展

自从 1970 年 Boswell 通过螺旋波实验证明了射频功率可以高效地产生高密度等离子体以来[57]，人们已经开展了广泛的实验与模拟仿真研究[58-65]，遇到的问题主要集中在两个方面：螺旋波等离子体中的模式转换[26-37] 和螺旋波源中等离子体有效电离的机制[66-79]。这是螺旋波等离子体中的两个突出特征，也是研究者们关注的重点之一。

1.4.1 螺旋波等离子体的放电模式及其转换

螺旋波放电表现出许多复杂的物理现象，其中之一是螺旋波模式转换，通过等离子体密度在不同外部参数平滑变化下的跳变来表征，可以通过改变天线结构、放电管尺寸、输入功率、外部磁场、工作气压或驱动频率等方式来实现模式之间的转换。

1984 年，Boswell[76] 首次使用双环天线观察到螺旋波等离子体电子密度随磁场的跳变，如图 1-7 所示。实验中，发现第一次跳变发生在 B_0 为 500G 时，电子密度是跳变前的 5 倍，密度的径向分布呈现中心峰值；第二次跳变发生在 B_0 为 750G 时，密度是第一次跳变后密度的 2 倍，具有增强型的中心峰值密度分布。以上这两个密度跳变都伴随着螺旋波轴向波长的变化，意味着具有不同轴向波数的色散关系。

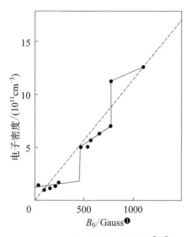

图 1-7　密度随磁场的变化[76]

1996 年，Degeling 和 Ellingboe[29,77] 等人在使用双半环天线结构中发现，电子密度随功率变化的模式转换更常见，如图 1-8 所示。

随着功率的增大，等离子体密度发生了明显的跳变，即电容耦合 CCP（或 E）、电感耦合 ICP（或 H）和波耦合模式（或 W）。实验结果表明，CCP-ICP 模式转换发生在密度约为 $10^{10} \sim 10^{11} \mathrm{cm}^{-3}$ 时，与气压和

---

❶ 1Gauss=0.0001v/m。

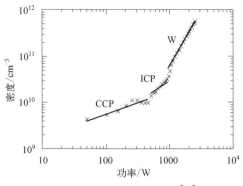

图 1-8　密度随功率的变化[77]

磁场无关，但与无碰撞趋肤深度 δ 有关；而 ICP-W 模式转换发生在密度约为 $10^{11}\sim10^{12}\,cm^{-3}$ 时，可以从等离子体源内行波出现的现象中得到佐证。

1996—2001 年，Kim、Keiter、Kaeppelin 和 Eom 等人[30,80-82] 分别使用名古屋天线和双马鞍天线研究了不同操作参数下（射频功率 $P_{RF}=0\sim2000W$；驱动频率 $f_{RF}=8\sim18MHz$ 以及 $f_{RF}=98MHz$[81]；外加磁场 $B_0=0\sim1400G$；工作气压 $p_0=0.2\sim1.0Pa$）的模式转换现象，如图 1-9 所示。CCP、ICP 和 W 模式之间的模式转换现象与之前实验得到的结果相似，发现存在模式转换的临界磁场和气压，且与密度密切相关。

2004—2014 年，Shinohara 等人[83-85] 使用盘香型天线和双环天线分别在不同尺寸的放电管中（$0.5cm<\phi<75cm$，其中 ϕ 为放电管直径）也都发现了明显的模式转换现象，如图 1-10 所示，得到粒子密度的某种相似性：在同样的放电条件下，粒子产生速率正比于管半径 r_0 的平方 $\left(\dfrac{N_e}{P_{RF}}\propto r_0^2\right.$，其中 N_e 是整个放电区域的粒子数密度$\left.\right)$，并认为小管径内等离子体密度较低与壁损失有关，但需要更多证据。

螺旋波放电的模式转换不只是电子密度随功率或磁场的改变发生非单调变化，放电的发光强度[43,46,85-88]、天线电流[34,47]、电磁信号[29,51,52] 以及等离子体其他参数（如阻抗[34,47]、电子温度[30,79] 和电势[37,47] 等）都会随功率或磁场的变化发生跳变。同理，这些参数跳变也都被作为判定等离子体放电模式转换的判据。例如，Celik[86] 发现 ICP 模式下离子谱线的发射强度远小于 W 模式，这说明在 W 模式下等离子体的电离率显著

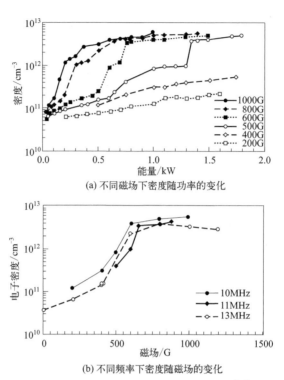

(a) 不同磁场下密度随功率的变化

(b) 不同频率下密度随磁场的变化

图 1-9   不同操作参数下的模式转换现象[80]

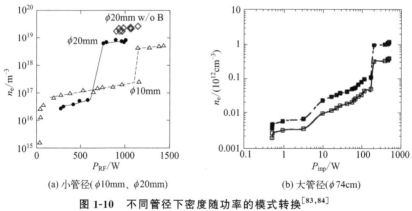

(a) 小管径($\phi 10$mm、$\phi 20$mm)   (b) 大管径($\phi 74$cm)

图 1-10   不同管径下密度随功率的模式转换[83,84]

增加。Sharma 等人[47] 提出天线的峰值电流（或等离子体电阻 R_p）可清晰地反映放电模式的跳变。北京理工大学赵高等人[88] 发现径向的电磁分量 B_r 随外加功率的变化表现出和密度一致的趋势。北京印刷学院马超等人[27] 发现 ICCD 图像也可判断放电经历的 CCP—ICP—W 模式转换历程。苏州大学胡一波等人[89] 通过调整匹配网络参数，测量传输系数来了解等离子体对外电路的反馈效应，从而获得可调控的模式转换现象。

放电模式不仅可以发生 CCP—ICP—W 之间的转换，在一定条件下还可发生 W 模式之间的转换[31-37]。Rayner[32,33] 早期在具有轴向导体端板的短系统中，在不同的实验工况（磁场、气压、功率）下得到了三种波耦合模式（命名为 HⅠ、HⅡ和 HⅢ），认为从 HⅠ到 HⅡ螺旋波模式转换与腔模式转换有关，而从 HⅡ到 HⅢ模式的转换则是从低阶向高阶径向模式的转换，如图 1-11 所示。

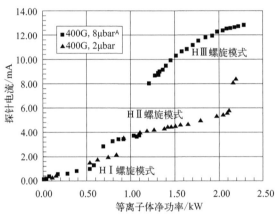

图 1-11　朗缪尔探针离子饱和电流（正比于等离子体密度）随 RF 功率的模式转换[32]

Chi 等人[34] 同样在一个具有反射边界和弱阻尼的轴向短系统中，测到了多种放电模式，如图 1-12 所示。低射频功率下的前两个转换分别为 CCP—ICP（或 E—H）转换和 ICP—W（或 H—W）转换，随后，观察到三种不同的螺旋波模式（命名为 W1、W2 和 W3）；W 模式之间的转换认为是腔模式转换。Nisoa 等人[35] 在一个 10cm 长的短圆柱形等离子体腔中，通过激发不同 N（半波长的个数）模式下的 $m=0$ 的驻螺旋波，发现随射频功率和轴向静磁场的增加，密度发生突变并形成两个轴向波模式。Eom 等人[37] 在一个 30cm 长的放电管中，通过测量离子饱和电流、

———————————

❶ $1bar = 10^5 Pa$。

等离子体电势和轴向波长随磁场的变化，观察到了 ICP—W1—W2 的模式转换现象，其轴向波长以离散的方式随系统长度变化，即认为模式转换是腔模共振。

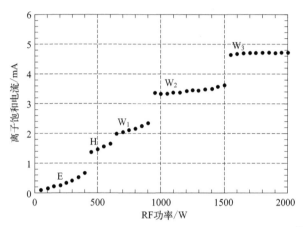

图 1-12　离子饱和电流（等离子体密度）随功率的模式转换[34]

　　最近，Isayama 等人[36] 通过数值模拟，揭示了在一个短轴向系统中，随着外部磁场和射频输入功率等参数的变化，螺旋波放电密度跳变的时空行为。三个时间段的密度跳变伴随着从 $m_z=1$ 到 3 和 5 的轴向模式转换（其中 m_z 表示轴向模数）。北京大学的吴明阳[90-92] 使用自开发的适用于低气压（$p_0=0.35$Pa）、高磁场（$B_0=1180$G）等典型放电条件的螺旋波模拟程序（命名为北京大学螺旋波放电程序，PHD），发现使用回路天线在不同磁场下可实现电子密度随时间的跳变过程，如图 1-13(a) 所示。在有磁场的条件下，电子密度在达到稳态前经历了比非线性增长变化率更大的快速增长过程，称之为"二次跳变"；此外，在模拟上也重现了实验中密度随功率的多次跳变现象（命名为 H 和 W1-W4 模式），如图 1-13(b) 所示，该波模式转换被认为是驻波所致。

　　目前，虽然已经开展了大量对于螺旋波等离子体中多种放电模式转换的研究工作，但是对于波耦合模式的确认依然缺乏充分的实验及理论证据；同时，对于多波模式转换的研究大多都集中在短轴向系统中，且被认为与腔模共振或驻波有关。然而，腔模共振或驻波并不是导致多波模式及转换的主要原因，具体的模式转换条件和物理机制目前仍不清楚，有待进一步研究。这也是本书的第一个出发点。

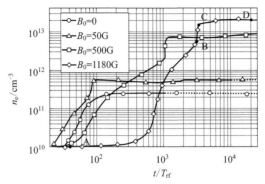

(a) 不同磁场下电子密度最大值随时间的演化

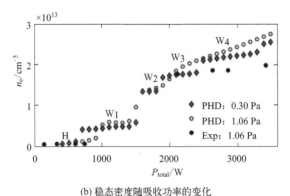

(b) 稳态密度随吸收功率的变化

图 1-13　不同磁场下电子密度随时间与吸收功率的变化[90-92]

1.4.2　螺旋波等离子体的空间分布

通常，由于能量沉积方式的变化，等离子体参数的空间分布在不同模式下明显不同，图 1-14 是典型的三种耦合模式的径向密度分布[26]。

在 CCP 模式下，径向截面显示为空心密度分布，密度在天线边缘达到峰值，等离子体密度范围为 $10^{10} \sim 10^{11} \, \mathrm{cm}^{-3}$；同时，天线区域的电子温度分布也为空心分布，且在天线边缘处达到峰值，等离子体电势有一个相对平坦的分布。

在 ICP 模式下，径向密度分布几乎是平顶分布，等离子体密度变化范围为 $10^{11} \sim 10^{12} \, \mathrm{cm}^{-3}$；电子温度与电子密度的平顶分布一致，并有一个峰值；等离子体电势在整个天线横截面上是恒定的，与 CCP 模式相反，没有明显的鞘层状结构。

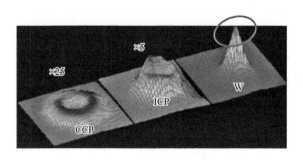

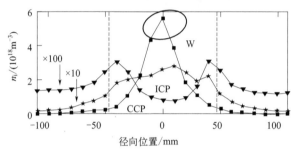

图 1-14　典型的三种耦合模式的径向密度分布[26]

W 模式的明显特征是等离子体参数（电子密度、温度、等离子体电势）的径向分布都在放电中心达到了峰值[8-10,93-99]。其中，密度峰值范围通常为 $10^{12} \sim 10^{13} \, \mathrm{cm^{-3}}$，比 CCP 或 ICP 模式高一到两个量级；同时，电子温度峰值约为 8eV❶，等离子体电势峰值约为 15eV。Corr 等人[94] 提出等离子体参数的径向分布在很大程度上依赖于所使用的磁场强度，特别是电子密度和电子温度的径向分布随磁场变化有很大的改变。例如，在高磁场情形下，W 模式的一个典型特征是天线区域出现一个非常高的中心密度峰，其径向密度梯度极大，径向局部中心区域伴随出现强氩离子光发射，即 Blue Core 现象[26,46,94-98]，如图 1-15 所示。

通常，Blue Core 现象的出现被作为判定放电进入波模式的标志[26,31,46,86,95-98]。现在普遍认为形成这种 Blue Core 现象的原因是电离的不稳定性[9,62]，即中性耗散。换言之，当中性粒子耗尽时，电子的碰撞减少并且电子温度升高，导致电离率呈指数增加。

最近，Thakur 等人[95,96] 研究了静电不稳定性在经典的 Blue Core 现象中的作用，如图 1-16 所示。他们认为等离子体主要是受到低频电阻

---

❶　$1\mathrm{eV} = 1.6021766208 \times 10^{-19} \mathrm{J}$。

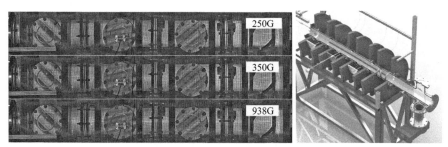

图 1-15 美国康斯威星大学实验中观察到的 Blue Core 现象
以及螺旋波实验装置 MARIA[98]

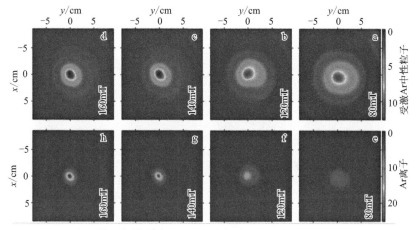

(a) 不同磁场下氩原子(a, b, c, d)和离子谱线(e, f, g, h)时间平均发光的二维分布

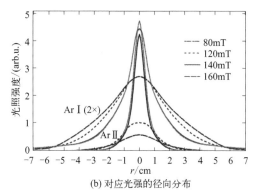

(b) 对应光强的径向分布

图 1-16 经典 Blue、Core 现象中的静电不稳定性[95]

arb. u. 是任意单位（arbitrary units）的缩写。

飘移波（RDW）沿着电子反磁飘移方向不稳定传播的影响。等离子体密度梯度驱使 RDW 在径向上将等离子体分为边缘区域和中心区域。边缘的等离子体主要被强烈的、湍流的、切变驱使的不稳定性所影响。由高角向模数的波沿着离子反磁飘移方向传播会产生中心区域的等离子体，此过程伴随着强离子光辐射。

　　对于等离子体的轴向分布，在 CCP 和 ICP 模式下，等离子体通常关于天线中心轴向对称分布[100]；而 W 模式的等离子体相对于天线中心在轴向明显不对称[8,100-103]。1995 年，Chen 和 Sudit 等人[100,101] 在一个 800G 的均匀磁场系统中发现，电子温度在天线附近达到峰值，而密度在远离天线 40cm 处达到峰值，如图 1-17 所示。他们用压力平衡方程解释下游密度上升和温度下降的现象，忽略了由于轴向等离子体电势 V_p 的存在而导致的压力平衡方程中的平行电场项[100]。

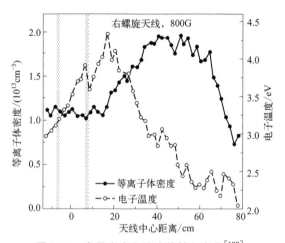

图 1-17　电子密度和温度的轴向变化[100]

　　1999 年，Degeling 等人[103] 也发现在远离天线下游 10～30cm 的位置等离子体密度达到峰值，但在离天线更远的位置等离子体密度逐渐下降，这被认为是由局部电离增加所导致的。随后，Siddiqui 等人[104] 观察到电子温度在距螺旋天线末端 10cm 处达到峰值；然而在没有膨胀室的情况下，并没有在轴向上观察到任何密度峰值。因此，他们认为是参数衰减的不稳定性引起了局域电子加热。Tysk 等人[31] 也报道了下游密度的上升，但没有任何解释。

最近，Ghosh 等人[105] 在具有几何膨胀和磁膨胀的螺旋波装置中，观察到了下游等离子体中不同轴向位置的局部电子温度和密度峰值，如图 1-18 所示。

他们倾向于认为这种下游密度峰值可通过系统中的压力平衡来解释。在此过程中，明显的电势梯度存在于密度梯度处，为双层结构；密度峰通常出现在双层上游。但作者对于双层结构没有过多关注，只是讨论了密度峰的产生。事实上，这两种现象的相关性需要进一步进行实验和分析，以解释螺旋波等离子体中出现这些现象的根本原因。

轴向分布的另外一个显著特点是上述所提到的双层结构[104,106-124]，在电推进系统方面具有很大应用前景，主要原因是双层结构可以在轴向空间分布上自发形成电势梯度和轴向电场，从而对离子进行加速，如图 1-19 所示。双层上游（即高电势区）存在被捕获的低能电子、少量高能电子和大量低能离子群，高能电子可穿过势垒进入下游，低能离子可被双层加速到下游形成高能离子束；双层下游（即低电势区）具有可被双层加速进入到上游形成电子束的低能电子群、被捕获的低能离子群以及可穿

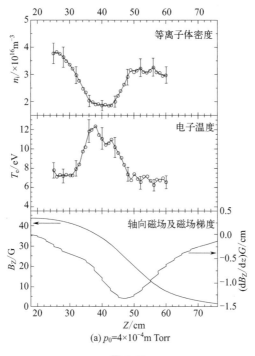

(a) $p_0=4\times10^{-4}$m Torr

图 1-18

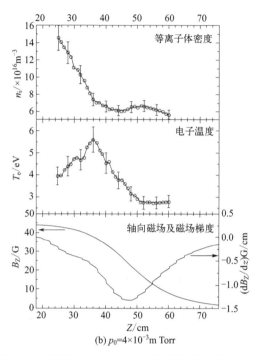

(b) $p_0 = 4 \times 10^{-3}$ m Torr

图 1-18 等离子体密度、电子温度和轴向磁场以及磁场梯度在不同气压下的轴向分布

越双层进入上游的高能离子群。这样的双层结构可在实验室各种等离子体装置产生的膨胀等离子体中自发形成[104,106-124]，这为研究高能离子束的产生机制提供了一个很好的平台。

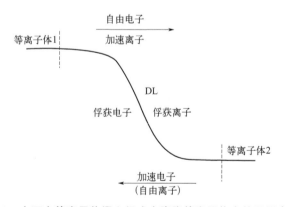

图 1-19 在两个等离子体源之间或在膨胀等离子体中的双层电势图

在过去的 30 年中，大家对等离子体双层的各个方面都进行了很完善的研究，包括实验、理论和模拟[104,106-124]。在产生双层电势结构的不同类型等离子体中，膨胀螺旋波等离子体引起研究人员的极大兴趣[104,107,109-124]，其中等离子体在放电腔中通过螺旋波放电产生，然后扩散到更大直径的扩散室。2003 年，Charles 等人[107] 首次报道了这种装置中形成的双层现象。双层的位置靠近几何膨胀区，同时也位于磁场最大的位置。等离子体电子被源中的射频场加热，提供维持双层结构的能量，从而加速源中产生的离子进入扩散室。后续有研究者发现[109,115]，在大多数低纵横比 $\left(\dfrac{r_{\mathrm{d}}}{r_{\mathrm{s}}} \text{约为 } 2 \sim 3，其中 } r_{\mathrm{d}}、r_{\mathrm{s}} \text{ 分别为扩散室和源区的半径} \right)$ 的系统中，当几何膨胀区和磁膨胀区重合时，可以观察到这种双层结构。然而，对于高纵横比 $\left(\dfrac{r_{\mathrm{d}}}{r_{\mathrm{s}}} \geqslant 4 \right)$ 的系统，即使在不同位置的膨胀区也能观察到双层结构[110,116,119]。事实上，实验[110] 的双层电势结构通常遵循磁场发散点的运动规律。同时，数值模拟表明，发散磁场区离子损失的增加主要控制了双层的形成[117]。另一方面，实验发现，几何膨胀区和磁场梯度最大值附近都可以观察到双层[122]；且几何膨胀的位置和磁场梯度的最大值都是变化的，只有当这两个膨胀点重合时，才会观察到更强的双层[118,122]。然而，磁膨胀对于几何膨胀的作用尚未被完全研究清楚。此外，双层与其上游密度峰的相关性需要进一步探讨，从而确定双层产生的必要条件，以此来获得可调控的双层。

综上所述，在不同模式下等离子体空间分布可能非常不同，特别是波耦合模式下，天线近场区域和远离天线下游区域的密度差异很大。通常，对于在高磁场高密度情况下出现的 Blue Core 现象，大多数研究都只关注其作为波模式的常规判定方式。事实上，波模式可以出现在没有 Blue Core 的情况下，因此，对其与波模式的密切相关性以及波模式的加热机理应该进行系统的研究和深入的分析。另外，对于天线下游密度峰伴随着双层结构出现的现象，需要综合考虑二者的相关性，且做进一步的研究，从而确定其产生的条件与原因。这也是螺旋波的另一个关注点。

1.4.3　螺旋波等离子体的加热机制

如上所述，螺旋波等离子体存在多种放电模式，加热机理不同会导致等离子体的空间分布明显不同，而不同的空间分布又会影响其加热机制。人们对于 CCP 和 ICP 模式的加热机理已经形成统一认知，但是对于 W 模式的加热机理却充满争议。

自 Boswell[76] 报道了螺旋波本身的经典碰撞阻尼理论无法解释高密度等离子体具有极高电离效率以来，螺旋波高效的加热机制得以进入更深层次的研究。1991 年，Chen[58] 提出螺旋波等离子体的高密度特性可能是由于螺旋波的朗道阻尼产生的高能电子实现有效电离而形成的。然而，10 年之后，朗道阻尼理论几乎被推翻了，因为在朗缪尔探针测量中没有发现足够的高能电子参与电离[125]。1995 年，Shamrai 等人[69] 提出了通过考虑 TG 波和 H 波的共振放电代替无碰撞阻尼来有效吸收能量，而此前 TG 波一直被忽视。在此基础上，对 TG 波和 H 波的碰撞阻尼吸收机理进行了大量的理论和实验研究[60,71,126-137]。通常，TG 波满足低等离子体密度 n_p（$n_p < n_{LH}$，其中 n_{LH} 是低杂化密度）下的色散关系，在等离子体柱狭窄的表层中被激发并沉积功率；而满足高等离子体密度 n_p 色散关系的 H 波则被激发并沉积在等离子体中心区域。TG 波和 H 波的功率沉积的相对位置，如图 1-20 所示。普遍认为，TG 波引起了大部分的电离[60,75,126,138,139]；但由于强阻尼 TG 波无法穿透等离子体的核心，因此无法解释许多螺旋波实验中观测到的峰值密度分布或中心强光辐射的典型特征。

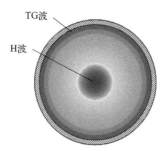

图 1-20　TG 波和 H 波在等离子体中功率沉积的相对位置

同时也有数值模拟结果支持经典碰撞理论解释非均匀螺旋波等离子体的中心加热[61,129,140-143]。在模拟仿真中，对方位角径向分量和轴向分量进行了傅里叶分析，并对径向分量进行了全波描述，这意味着用麦克斯韦方程直接在径向方向上求解，并带有边界条件。Mouzouris 等人[140] 报道了在几个不均匀密度分布中，因碰撞阻尼而产生的中心功率吸收的现象。Arnush[129] 着重讨论了 TG 波对能量沉积和径向分布的影响。Cho 等人[141] 认为，密度变化时，虽然不直接进行波耦合，但通过磁场扫描发现，H 波和 TG 波的峰值密度分布与波耦合和解耦有关。Shamrai[142] 提出了将低阻尼 H 波转换为表面（MCS）附近的高阻尼 TG 波的转换理论。然而，在 Arnush 等人[61] 的研究中，他预估共振模式转换对总功率吸收的贡献较低。Virko 等人[144] 还提出了一种波转换机制，认为在 MCS 上通过 100％ 反射，可以将低阻尼 H 波转换为高阻尼 TG 波。但在分析中，碰撞效应与热等离子体的波转换过程一样被忽略了。然而，在冷等离子体中，碰撞在截止点、共振点或转折点附近发挥着重要作用。因此，碰撞可能是至关重要的。

虽然模拟结果与实验结果基本一致，但任何线性碰撞加热理论都无法解释中心加热的机理。相反，非线性加热机制，如 H 波转化为离子声波的非线性变量衰减和 TG 波被认为是一种可能的解释，但需要满足较高的磁场（通常约 1000G 以上）或较低的磁场（约 20～40G)[131,145]。然而，线性碰撞理论仍可能在高密度区域的中心功率沉积中发挥关键作用。Carter 等人[146] 认为，对于高密度等离子体区域（$\geqslant 5 \times 10^{12} \mathrm{cm}^{-3}$），TG 波不存在或在很短的距离内受到阻尼，碰撞率是驱动射频频率和碰撞阻尼的重要组成部分，此时 H 波在轴上的聚焦具有重要的作用。Piotrowicz 等人[135,136] 也提出，中心峰值密度剖面的产生可以通过 H 波将能量直接沉积在等离子体中心区域。Eom 等人[147] 提出，等离子体密度分布的不同是由于 TG 模式和 H 模式之间的加热机制发生了变化。通常，在高磁场下，不再发生向 TG 模式的模式转换，等离子体可被 H 波直接加热，产生中心密度峰值分布。最近，Isayama 等人[148] 也提出，TG 波和 H 波的贡献不同，导致了中心峰值、平面或空心密度剖面的产生。

然而，H 波和 TG 波在波模式下对功率沉积的影响，在理论和实验上仍未明确，特别是在不同波模式下，电子密度分布有很大的不同。因此，需要对等离子体空间分布的内部结构进行更精确的测量以及更深入的研究，从而探讨和分析不同波模式下的能量沉积。这也是研究者们关注螺旋波等离子体的第三个出发点。

第 **2** 章

螺旋波等离子体的
发生及局域诊断

本章介绍螺旋波等离子体放电的实验系统和诊断测量方法，提出一种局域发射光谱（LOES）诊断方式，并在氩等离子体中建立特征谱线与电子密度和温度的定标关系。

2.1 实验装置

螺旋波等离子体实验装置包括螺旋波放电系统和诊断系统两部分，如图 2-1 所示。放电系统主要包括放电装置和扩散腔，其中放电装置包括放电腔室、射频天线、射频电源、匹配器以及直流磁场。诊断系统主要包括探针、光谱以及光学图像等。

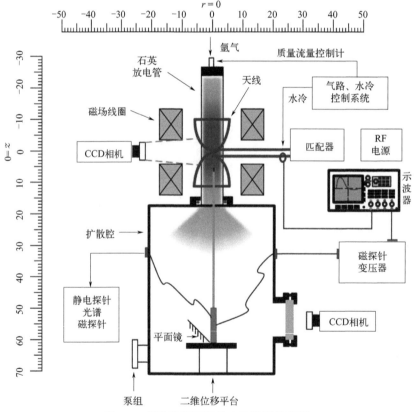

图 2-1　螺旋波等离子体实验装置示意图

2.1.1　螺旋波放电系统

放电腔室由石英放电管构成，管长 45cm、内径 2～8cm、壁厚 0.2cm。管下端连接一个圆柱形的不锈钢扩散腔（长度 50cm、直径 33cm），上端由介质板（聚四氟乙烯，PTFE）密封。其中，上盖中心处留有一个直径 1cm 的进气孔，氩气通过进气孔注入到放电管中。扩散腔下部通过法兰接真空抽气系统：涡轮分子泵（型号：F-100/110，抽速：110L/s，极限真空：6×10^{-6} Pa）和旋片式真空泵（型号：TRP-36，抽速：9L/s，极限真空：4×10^{-2} Pa）。工作前先打开真空泵，抽气阀门把真空室（放电腔室和扩散腔）气压抽至 10Pa 以下，再打开分子泵进行进一步抽气，等真空室内的真空度抽至 1×10^{-4} Pa 低真空时，通入工作气体氩气。在进行实验之前，还需经过最后一步洗气，即通过进气阀门输入少量氩气，调节质量流量控制计（MFC，七星 CS200）达到清洗状态，如此重复两到三次，调节流量计待气压值稳定至工作气压（0.1～1.0Pa）即可进行工作，此时认为系统内是纯净的氩气。

静态磁在天线区是均匀的，由两个间隔 10cm 的亥姆霍兹线圈通入直流电流产生，电流大小可调范围为 0～30A，在天线区域可产生磁场强度范围为 0～1000G。图 2-2 给出 $B_0=500$G 时的磁场分布云图和测量得到不同磁场强度（100G、300G、500G 和 700G）的轴向分布。

实验所用射频天线为长度 15.5cm 的半螺旋（Helical）天线。天线绕在石英放电管上且天线中心与放电管中心重合，位于柱坐标系的原点处（$r=0$，$z=0$），通过一个 π 型射频匹配器与 2.5kW、13.56MHz 射频电源（GM Power，PG-2500K）连接，以保证反射功率低于入射功率的 1%。正常工作时，电源、匹配器、射频天线、磁场线圈和分子泵都接有水冷控制系统（AC600B），以保证可在一定时间内稳定进行放电。

2.1.2　诊断系统

本书采用的实验诊断包括电流电压测试，射频补偿朗缪尔探针、静电悬浮探针、磁探针、CCD 放电图像及发射光谱（OES）等。对其中的 OES 进行改进，提出了一种局域发射光谱（LOES）诊断方式，可以对螺旋波等离子参数进行空间分辨测试。

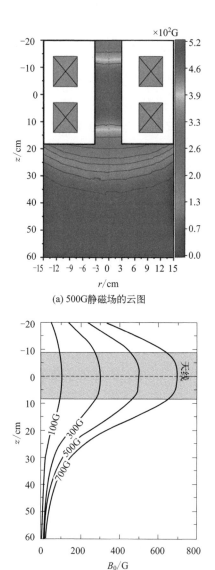

(a) 500G静磁场的云图

(b) 不同磁场的中心轴分布

图 2-2　磁场分布云图以及不同磁场强度的轴向分布

　　等离子体电子密度和电子温度通过射频补偿朗缪尔单探针（LP 系统[TM]，Impedans，UK）得到，而等离子体电势由被动式浮置静电探针[149,150] 测量。螺旋波相位和振幅的信息由磁探针测量。放电的积分图像由 CCD 相机（Nikon D5100）记录，实验中对多个周期内同一时刻的放电光强进行了叠加。根据需要，可以在相机前放置各种中心波长（包括

750nm 或 480nm 等）、半带宽为 10nm 的带通滤光片，来记录等离子体的原子或离子发射光谱。CCD 相机的最小曝光时间为 0.1ms。CCD 相机可固定在天线区域外部，用来获取天线区域轴向截面图像；或通过放置在真空腔室下游石英窗口及腔室内部的 45°平面反光镜得到放电中心区横截面的放电图像。等离子体参数光辐射及分布特征由 OES 测量，谱线强度由四通道的光谱仪（AvaSpec-ULS3648）采集。光纤探头通过真空转接头伸入真空室内部进行光谱信号的采集，并将光谱信号传送至光谱仪。

2.2 Langmuir 静电探针

2.2.1 探针诊断的基本方法

静电探针置于具有正弦振荡电势的等离子体中，会导致电流-电压（I-V）特性失真，因为所测量的是非线性 I-V 关系的平均值[88,89]。这种效果如图 2-3 所示。假设在等离子体电势 V 中峰值幅度为 15V 的正弦振荡。中心处的粗曲线是理想的轨道限制理论（OML）曲线，而侧面曲线则是无补偿探头在射频（RF）的各个相位上测得的偏移 I-V 曲线。由于

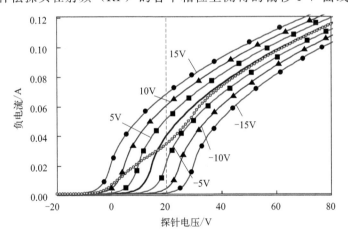

图 2-3 射频振荡对 Langmuir 探针电流的影响

粗的中心曲线是在密度为 10^{11}cm^{-3} 的氩气等离子体中，直径为 0.15mm，长度为 10mm 的
探针的轨道限制理论电流；移动的 I-V 曲线对应的振荡电压为±5、±10 和±15V；
圆圈曲线表示整个振荡过程中的平均电流

曲线是非线性的，因此在振荡过程中平均电流将与正确值不同。例如，虚线显示的是探头电压 $V = 20V$ 时的电流，在该电压下经过漂移的电流平均值将低于未漂移的电流平均值。而且，随着电压的变化，在极端情况下（此处为 $\pm 15V$），该偏移比在其他相位处的停留时间更长。图中，圆圈为考虑到此影响而计算出的直流平均电流。结果是 I-V 曲线的斜率减小，导致虚假的高 T_e。可以看出，随着探头接近电子饱和度（非线性程度较弱），误差会变小。通常使用的 Impedans 的 ALP 系统的时间分辨能力为 $10\mu s$，Hiden 的 ESPion 系统的时间分辨为 25ms，远高于射频源的周期（13.56MHz 的射频源周期为 72ns），在测量过程中一定会经历多个等离子体电势振荡周期。因此，去除射频振荡的影响对于探针的准确测量极其重要。

可以发现，在离子饱和区，即负值电流部分，电流受射频振荡的影响很小。但是在悬浮电势到等离子体电势，这部分的 I-V 曲线受到影响较大。而这一部分的曲线正好是求 EEDF 或者电子温度的重要部分。当然也会影响饱和电子电流。所以，射频振荡对于探针针尖处电势的影响十分重要。理想情况下，呈麦克斯韦分布温度为 T_e 的电子，对应探针测得的 I-V 曲线的悬浮电势 V_f 到等离子体电势 V_s 之间的部分应呈指数型增长方式。在刚到电子饱和电流处，即扫描电压为 V_s 时，曲线的一次微分达到最大值，二次微分为零。商业探针系统一般是用这个方法自动得到电子电流饱和点。一般饱和电子电流和饱和离子电流比值是粒子质量比值的平方根，所以饱和电子电流远大于粒子饱和电流，并且电子电流饱和的开始阶段对应 I-V 曲线的上述拐点。但是频繁碰撞（在高气压或高密度下）会使拐点变得平滑。此外，磁场作用会使拐点出现在更低的电压下。

为了获得较准确的电子温度，需要足够长的电子电流指数增长区，故需要在接近悬浮电势 V_f 处就开始使用电子电流。但是在悬浮电势附近，离子电流和电子电流大小接近，需要合适的理论从总的电流中获取准确的电子电流部分。无碰撞模型的饱和离子电流已经被很多学者广泛研究。对于实验中的部分电离等离子体，轨道限制理论（OML）与探针测量的结果能较好符合。Langmuir 的离子电流的公式为[89]：

$$I_i = A_p n e \frac{\sqrt{2}}{\pi} \times \left(\frac{eV_s}{M}\right)^{\frac{1}{2}}, \quad I_i^2 \propto V_s \qquad (2.1)$$

式中，A_p 是探针尖表面积；M 是离子质量；V_s 为扫描电压。

由于此公式不包含电子温度 T_e，所以等离子体密度可以由 I_i^2 和 V_p

的曲线直线拟合得到。只要能测得等离子体密度，那么电子温度和等离子体电势就可以由下式计算得出：

$$I_e = nev_{the}e^{\frac{V_s-V_p}{KT_e}}\qquad(2.2)$$

式中，v_{the} 是电子热速度。

线性拟合 $\ln(I_e)$ 和 V_s 的曲线，就可以由斜率得到电子温度，由曲线开始变得水平的位置为悬浮电势 V_f。

本研究实验中使用 Impedans 的 ALP 探针系统，如图 2-4 所示。探针尖为直径 0.3mm、长 5mm 的钨丝。其支架为外径 0.8mm 的陶瓷筒，外面由不锈钢包裹。这里不锈钢筒作为补偿电极，可以减小射频振荡对测量 I-V 曲线的扭曲。与一般的补偿电极不同，这里探针尖和补偿电极为容性连接，细钨丝外壁与不锈钢筒内壁间距约为 0.2mm。此电容结构容值约为 1nF，在 13.56MHz 频率下，容抗约为 10Ω。因此，补偿电极与探针尖的容性连接良好，可以有效增强探针尖与等离子体的容性耦合。此外，在探针尖附近的陶瓷支撑杆内，内置有滤波电路，用来滤去实验用的 13.56MHz 及其二次谐波（27.12MHz）。这样可以使流进控制器的电流滤去射频分量，并使得探针尖可以跟随振荡电势变化。

图 2-4　Impedans 探针系统

左图是探针主体，带真空法兰；右图是控制箱，内部是控制电路，
用来调控电压扫描的参数以及处理获得的 I-V 曲线

2.2.2　电子能量分布函数（EEPF）

利用悬浮电势和等离子体电势之间的 I-V 曲线获取 EEPF。这里利用电子电流随扫描电压升高呈指数增长的规律得到 EEDF[7]：

$$g_e(V) = \frac{2m}{e^2 A_p} \times \left(\frac{2eV}{m}\right)^{1/2} \times \frac{d^2 I_e}{dV^2}\qquad(2.3)$$

式中 $V = V_p - V_s$，并用 eV 来表示电子能量。而由 $g_p(V) = V^{-1/2}g_e(V)$，

得到 EEPF 为：

$$g_{\mathrm{p}}(V) = \frac{\sqrt{8m}}{\sqrt{e^3}\,A_{\mathrm{P}}} \times \frac{\mathrm{d}^2 I_{\mathrm{e}}}{\mathrm{d}V^2} \qquad (2.4)$$

应用探针测量的 I-V 数据处理得到 EEPF 的具体操作步骤如下。

① 将原始的 I-V 曲线进行平滑处理。为了得到较为平滑连续的 I-V 曲线，测量时的扫描电压应设置为 0.1V 左右。由于电压步长较小，曲线相邻点的波动会较大，直接二次微分将得到混乱的曲线。平滑处理可以使用相邻点平均的方法。本节使用相邻 10 个点来进行平滑处理，如图 2-5 所示。

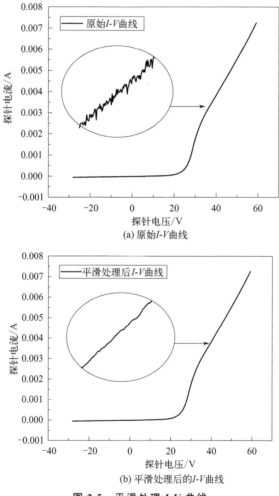

图 2-5　平滑处理 I-V 曲线

② 将平滑后的曲线进行二次微分。利用数值微分，得到二次微分曲线，寻找峰值后的第一个零点，即是等离子体电势。调整自变量，绘制 EEPF 曲线。将二次微分曲线的横坐标转换为 $V = V_p - V_s$，如图 2-6 所示。

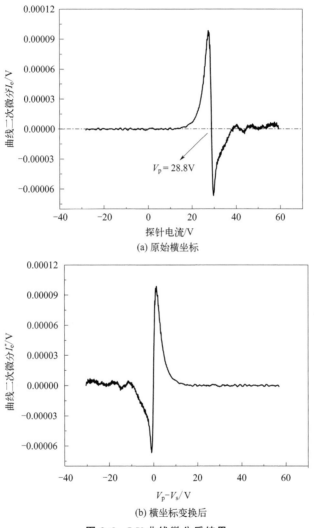

(a) 原始横坐标

(b) 横坐标变换后

图 2-6　I-V 曲线微分后结果

③ 依据式(2.4) 纵坐标转换为 $g_p(V) = 8.9 \times 10^{12} I_e''(V)$，绘制曲线。并将纵坐标设置为指数型，得到常用的 EEPF 曲线，如图 2-7 所示。

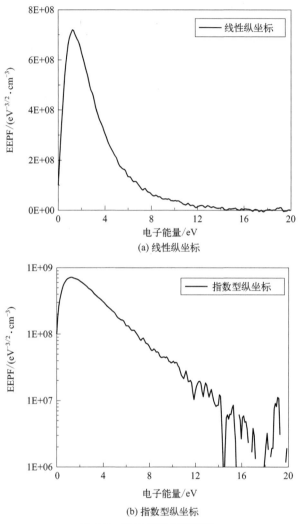

(a) 线性纵坐标

(b) 指数型纵坐标

图 2-7　电子能量概率函数

考虑到对于麦克斯韦分布的电子能量，有：

$$g_e(\varepsilon) = \frac{2}{\sqrt{\pi}} n_e T_e^{-\frac{2}{3}} e^{-\frac{\varepsilon}{kT_e}} \qquad (2.5)$$

两边取对数即可得到：

$$\ln(g_e) = -\frac{\varepsilon}{kT_e} + \ln\left(\frac{2}{\sqrt{\pi}} n_e T_e^{-\frac{2}{3}}\right) = -\frac{V}{V_e} + \ln\left(\frac{2}{\sqrt{\pi}} n_e T_e^{-\frac{2}{3}}\right) \qquad (2.6)$$

式中，$\varepsilon = eV$ 是电子能量；$kT_e = eV_e$ 是得到的电子温度的两种表示方式，射频低温等离子体的 eV_e 一般为 2~5eV。在我们的计算中，斜率的负倒数是要求的电子温度值，单位为 eV。当然利用 EEDF 的积分可以得到电子密度和平均电子温度，而这里用离子饱和电流得到等离子体密度，用 EEPF 斜率得到电子温度。

2.3 被动式浮置探针

为了得到较为准确的等离子体电势分布情况，使用浮置静电探针[49]代替传统的朗缪尔探针。浮置探针包括三个组成部分：一个单探针、一个射频滤波电路和一个静电电压表。单探针由一根直径为 0.1mm、长度为 10cm 的钨丝外覆两层耐高温陶瓷细管制成；探针前端钨丝露出部分的长度为 4mm；陶瓷管固定在一个可以在四个方向上自由移动的电控位移平台上；探针尾部通过射频滤波电路连接至静电电压表。图 2-8 所示是浮置探针的基本结构示意图，滤波电路可以过滤掉 13.56MHz 和 27.12MHz 的交流信号，只留下直流信号部分。当浮置探针浸入到等离子体中时，等离子体中运动的带电粒子在探针上产生一个电势，同时静电电压表也会被动地获得与之相同的电势，这个电势即为浮置探针所测得的结果。

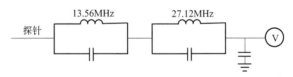

图 2-8 浮置静电探针结构示意图

然而，浮置静电探针所测量的电势数据并不能代表等离子体的真实电势，这是由于在等离子体中，离子的运动速度比电子的运动速度小，导致探针实际测得的电势数值小于等离子体电势，即悬浮电势，因此需要将其进行一定的补正，如下式所示：

$$V = V_f + \frac{kT_e}{2e}\ln\left(\frac{2M}{\pi m}\right) \qquad (2.7)$$

式中，k 是玻尔兹曼常数；T_e 是电子温度；M 是离子质量；m 是电子质量；e 是电子元电荷。

由此可得到等离子体电势的数据，用以表征等离子体双层的特性。浮置静电探针测量等离子体电势的优点在于不需要施加额外的电压，并且探针内部没有电流的存在。相比于朗缪尔探针（LP）或离子能量分析仪（RFEA），浮置静电探针对等离子体放电状态的扰动更小，测量状态更稳定。当然这种探针仅能够测量等离子体的电势，对于等离子体密度的表征需要其他测量手段。

2.4 磁探针

磁探针基于法拉第定律设计：

$$V_{\mathrm{B}}(t) = -NA\frac{\partial B}{\partial t}$$

式中，V_{B} 是磁探针头部线圈上产生的感应电动势；N 表示探头线圈的匝数；A 是线圈的面积；B 是磁场信号。

磁探针的探头由直径为 0.1mm 的铜漆包线绕制 4 匝的感应线圈构成，线圈直径 4mm，外部由直径 6mm、长 20cm 石英管包裹，如图 2-9（a）所示。感应线圈的两根引线接两根射频同轴线，经过真空转接与外部的变压器连接。变压器初级线圈需用双绞线结构绕成，且初级线圈与次级线圈之间须隔有法拉第铜栅，如图 2-9(b) 所示，来最大程度地减少初级线圈的容性耦合或共模信号。测量时使用罗氏线圈（Pearson 110）监测放电回路中的电流来作为参考，高压探头（Tektronix P6015A）测量其高压端的电压，输出波形由数字示波器（Tektronix MDO4104C）监测并保存。

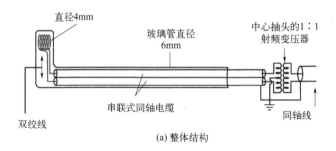

(a) 整体结构

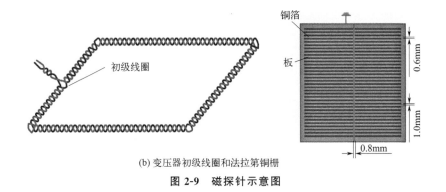

(b) 变压器初级线圈和法拉第铜栅

图 2-9　磁探针示意图

2.5　OES 诊断的理论模型与局域化设计

OES 是低温等离子体诊断中广泛采用的方法之一，通过测量分析等离子体处于激发态粒子时的辐射光谱来获得关于等离子体成分、密度、电子温度等信息。本研究通过碰撞辐射（CR）模型（包含激发态粒子的碰撞辐射过程），考虑螺旋波等离子体中的特征谱线对应激发态粒子的产生及退激发过程，从粒子数最终达到动态平衡的反应动力学关系出发，最终建立特征谱线与等离子体参数之间的关系。

2.5.1　氩气碰撞辐射（CR）模型

CR 模型把激发态粒子的碰撞辐射过程和等离子体的参数信息联系起来，是发射光谱诊断方法的理论基础[151,152]。电子和中性粒子的碰撞将等离子体中的某些粒子激发到高能态（激发态），激发态很快衰减并发射光子，从而产生特征辐射谱线。在某些情况下，与简单动力学过程相关的特定谱线可用于确定等离子体参数。螺旋波等离子体放电通常具有较高的电子密度和较低的气压，其主要过程为电子碰撞激发和退激发、电离和辐射衰变；而亚稳态向壁面扩散以及与氩原子碰撞时的退激发过程[153,154]可以忽略。为此，本研究采用 Czerwiec 的简化 CR 模型[153] 进行分析，该模型主要包括电子碰撞激发、电子碰撞退激发和自发辐射过程。

图 2-10 所示为螺旋波等离子体中主要由氩原子和离子组成的简单 CR

模型的能级图（包括原子、离子基态以及对应的激发态能级）和对应能级
的能量。氩原子的激发能阈值为 11.72eV，激发和退激发过程包括基态电
子碰撞激发和退激发过程、所有氩原子 1s 能级的电子碰撞激发和退激发
过程、电子碰撞和原子碰撞的能级跃迁过程等。

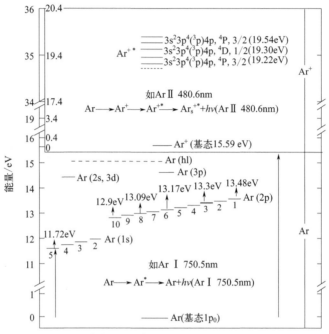

图 2-10　氩气螺旋波等离子体简单 CR 模型的能级图

对于中性氩原子，激发态 Ar^* 重要的反应过程如表 2-1 所示。

表 2-1　氩原子激发态 Ar^* 的产生和退激发反应

反应	描述
① $e + Ar \longrightarrow e + Ar^*\,(k_{Ar}^{dir})$	电子和基态直接碰撞反应
② $e + Ar_m^* \longrightarrow e + Ar^*\,(k_{Ar}^{m})$	电子和亚稳态激发态原子的间接碰撞激发
③ $Ar_k^* \longrightarrow Ar^* + h\upsilon$	从更高能级 k 的退激发的级联辐射
④ $Ar^* \longrightarrow Ar_s^* + h\upsilon\,(k_{Ar}^{rad})$	从激发态向下态能级 s 的辐射退激发
⑤ $Ar^* + Ar \longrightarrow Ar^{(*)} + Ar^{[*]}\,(k_{Ar}^{Ar})$	与中性原子的碰撞猝灭

在准静态状态下，激发态的产生和损失速率相等，j 能级的激发态粒子 Ar^* 跃迁到相对较低的 i 能级所辐射的谱线强度为[153]：

$$I_{ji}(\mathrm{Ar}^*)=n_e K_{ji} A_{ji} \frac{hc}{\lambda_{ji}} \times \frac{([\mathrm{Ar}]k_{\mathrm{Ar}}^{\mathrm{dir}}+[\mathrm{Ar_m}]k_{\mathrm{Ar}}^{\mathrm{m}})}{1/\tau_j+[\mathrm{Ar}]k_{\mathrm{Ar}}^{\mathrm{Ar}}} \quad (2.8)$$

式中，K_{ji} 是和光谱仪有关的因子；A_{ji} 是谱线对应跃迁的跃迁几率（也称为爱因斯坦系数）；Ar^* 是氩原子激发态；$[\mathrm{Ar}]$ 和 $[\mathrm{Ar_m}]$ 是氩原子基态和亚稳态的密度；$k_{\mathrm{Ar}}^{\mathrm{dir}}$、$k_{\mathrm{Ar}}^{\mathrm{m}}$ 和 $k_{\mathrm{Ar}}^{\mathrm{Ar}}$ 分别对应于氩原子基态、亚稳态和激发态猝灭的电子碰撞激发速率系数；h 是普朗克常量；λ_{ji} 是该跃迁辐射谱线的波长；τ_j 是激发态的寿命。

图 2-11 是氩气螺旋波等离子体典型的发射光谱图，谱线主要是集中在 $600\sim900\mathrm{nm}$ 范围内的原子谱线和集中在 $300\sim500\mathrm{nm}$ 之间的离子谱线。选择原子特征谱线 750.5nm、811.6nm 和离子特征谱线 480.6nm 分别进行定量分析，建立特征谱线与等离子体参数之间的关系。

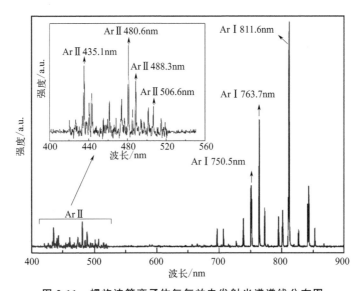

图 2-11 螺旋波等离子体氩气放电发射光谱谱线分布图

1a. u.（能量）=27.2114eV

氩原子特征谱线 $\mathrm{Ar\,I}$ 750.5nm 来自 $2\mathrm{p}_1 \rightarrow 1\mathrm{s}_2$（帕邢符号）的跃迁。其中 $2\mathrm{p}_1$ 能级的特点是有较大的直接激发速率系数，因此激发态 $2\mathrm{p}_1$ 主要由电子直接碰撞基态氩原子激发生成[154,155]，即：

$$e + \mathrm{Ar} \xrightarrow{k_{\mathrm{Ar}}^{\mathrm{dir}}} \mathrm{Ar}^* + e \tag{2.9}$$

激发态通过自发辐射发射特征谱线 Ar I 750.5nm：

$$\mathrm{Ar}^* \longrightarrow \mathrm{Ar} + h\nu(750.5\mathrm{nm}) \tag{2.10}$$

由式(2.1)可知，Ar I 750.5nm 的发射强度为：

$$I_{\mathrm{ArI}\ 750.5\mathrm{nm}} = n_e K_{ji} A_{ji} \tau_{\mathrm{Ar}} [\mathrm{Ar}] k_{\mathrm{Ar}}^{\mathrm{dir}} \frac{hc}{\lambda} \tag{2.11}$$

或：

$$I_{\mathrm{ArI}\ 750.5\mathrm{nm}} = C^* k_{\mathrm{Ar}}^{\mathrm{dir}} n_e \tag{2.12}$$

若电子能量（速率）分布是麦克斯韦分布，可以用电子温度 T_e 计算速率系数：

$$k_{\mathrm{Ar}}^{\mathrm{dir}} = \int_0^\infty f(\upsilon, T_e) \upsilon \sigma(\upsilon) \mathrm{d}\upsilon \tag{2.13}$$

式中，$f(\upsilon, T_e)$ 是电子速率分布函数；υ 是电子速率；$\sigma(\upsilon)$ 是对应的激发截面。

当电子温度恒定或变化不大时，式(2.12)可简化为：

$$I_{\mathrm{ArI}\ 750.5\mathrm{nm}} = C n_e \tag{2.14}$$

式(2.14)展示了氩原子谱线 Ar I 750.5nm 发射强度和电子密度之间的线性关系。也就是说，当系数 C 确定后，原子谱线发射强度可以表征相对电子密度。

氩离子特征谱线 Ar II 480.6nm 强度与电子密度相关，但不同于式(2.14)的简单线性关系。谱线对应上能级离子激发态 Ar^{+*} 的能量阈值通常高于离子基态 19.2eV 以及原子基态 35eV，如图 2-12 所示。氩离子激发态 Ar^{+*} 的主要反应过程如表 2-2 所示。

表 2-2　氩离子激发态 Ar^{+*} 的产生、退激发过程及对应的阈值能量

反应	阈值能量/eV	描述
① $e + \mathrm{Ar} \longrightarrow 2e + \mathrm{Ar}^{+*}$ ($k_{\mathrm{Ar}}^{\mathrm{dir}}$)	35	电子和基态原子直接碰撞反应
② $e + \mathrm{Ar} \longrightarrow 2e + \mathrm{Ar}^{+}$ ($k_{\mathrm{Ar}}^{\mathrm{ion}}$)	15.59	电子和基态原子碰撞电离
③ $e + \mathrm{Ar}^{+} \longrightarrow e + \mathrm{Ar}^{+*}$ ($k_{\mathrm{Ar}}^{\mathrm{ion\text{-}exc}}$)	>19.2	电子和基态离子间接碰撞激发
④ $\mathrm{Ar}^{+*} \longrightarrow \mathrm{Ar}_s^{+*} + h\nu$ ($k_{\mathrm{Ar}^+}^{\mathrm{rad}}$)	—	辐射退激发

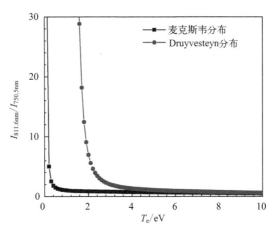

图 2-12　不同电子能量分布下谱线强度比 $I_{811.6nm}/I_{750.5nm}$
随电子温度 T_e 的变化

离子激发态的反应过程有两种。一种是直接从原子与基态碰撞激发（也称为一步过程），电子能量至少为 35eV；另一种是电子先与原子基态碰撞电离产生离子，再碰撞离子基态激发（也称两步过程），电子能量需要在 19.2eV 以上。显然，在两种方式下，产生离子谱线所需的电子能量阈值都大于氩原子的电离能 15.59eV，即离子谱线的形成需要更高能量的电子来完成。

对于典型低温等离子体，T_e 约为 4eV，能量高于 35eV 的电子非常少[156]。因此，两步过程对基态离子的激发贡献要大得多，激发态辐射谱线的发射强度提供了基态离子密度的信息。离子激发态 Ar^{+*} 的形成可被认为（主要）来自于电子碰撞氩离子基态 Ar^+ 的激发反应过程。由于电离和激发均与电子密度成正比，因此，谱线发射强度 $I_{ArII\,480.6nm}$ 与电子密度 n_e 和离子密度 n_{Ar^+} 的乘积成正比：

$$I_{ArII\,480.6nm}=C^\# k_{Ar^+}^{dir} n_e n_{Ar^+} \tag{2.15}$$

式中，$k_{Ar^+}^{dir}$ 是电子碰撞离子基态的碰撞激发速率系数。若电子能量分布满足麦克斯韦分布函数，其速率系数也是 T_e 的函数，即 $k_{Ar^+}^{dir}(T_e)$。在稳态条件下，等离子体是准中性的（$n_e=n_{Ar^+}$），式（2.8）又可表示为：

$$I_{ArII\,480.6nm}=C^\# k_{Ar^+}^{dir}(T_e) n_e^2 \tag{2.16}$$

式中，常数 $C^{\#} = K_{\mathrm{Ar\,II}\,480.6} A_{\mathrm{Ar\,II}\,480.6} \tau_{\mathrm{Ar}^+} hc/\lambda$。

式（2.16）提供了氩离子特征谱线强度与电子密度及温度之间的关系。我们将在 2.6 节分别对电子密度和温度进行定标。

2.5.2 氩气特征光谱谱线对比法

由于反应速率系数是电子温度的函数，因此可通过光谱谱线对比法获得电子温度[152,153]。通常，选择氩原子 750.5nm 和 811.6nm 两条特征谱线计算电子温度，其激发主要由电子和基态、亚稳态原子直接碰撞激发得到。其谱线比值为[153]：

$$\frac{I_{\mathrm{Ar\,I}\,811.6nm}}{I_{\mathrm{Ar\,I}\,750.5nm}} = 0.476\left(\frac{k_{\mathrm{Ar\,I}\,811.6nm}^{\mathrm{dir}}}{k_{\mathrm{Ar\,I}\,750.5nm}^{\mathrm{dir}}} + \frac{[\mathrm{Ar_m}]}{[\mathrm{Ar}]} \times \frac{k_{\mathrm{Ar\,I}\,811.6nm}^{\mathrm{m}}}{k_{\mathrm{Ar\,I}\,750.5nm}^{\mathrm{dir}}}\right) \quad (2.17)$$

式中，$k_{\mathrm{Ar\,I}\,750.5nm}^{\mathrm{dir}}$ 为 750.5nm 谱线对应的电子碰撞氩基态的反应速率系数，$k_{\mathrm{Ar\,I}\,811.6nm}^{\mathrm{dir}}$ 和 $k_{\mathrm{Ar\,I}\,811.6nm}^{\mathrm{m}}$ 为 811.6nm 谱线对应的电子分别碰撞氩基态和亚稳态的反应速率系数。

为了计算 $[\mathrm{Ar_m}]/[\mathrm{Ar}]$ 的值，我们采用文献 [153,156-158] 提供的简化计算和数据：

$$\frac{[\mathrm{Ar_m}]}{[\mathrm{Ar}]} = \frac{k_{\mathrm{e}}^{\mathrm{Ar_m}} \times n_{\mathrm{e}}}{k_{\mathrm{eAr}}^{\mathrm{t}} \times n_{\mathrm{e}} + k_{\mathrm{Ar}}^{\mathrm{dif}}} \quad (2.18)$$

所有涉及电子碰撞的过程用一个全局速率系数 $k_{\mathrm{eAr}}^{\mathrm{t}}$ 表示，$k_{\mathrm{e}}^{\mathrm{Ar_m}}$ 为电子和亚稳态的碰撞反应速率系数，$k_{\mathrm{Ar}}^{\mathrm{dif}}$ 为扩散反应速率系数。

氩亚稳态密度与电子密度和中性基态氩原子的密度有关。考虑到中性基态粒子密度服从理想气体状态方程，上述速率系数均可视为电子温度的函数，相关的参数及截面数据取自文献 [153-158]。通常，螺旋波等离子体的电子能量分布不是标准的麦克斯韦分布，如在低密度的螺旋波等离子体放电中，电子能量分布为典型的 Druyvesteyn 分布[159,160]。图 2-12 是不同电子能量分布下（麦克斯韦分布和 Druyvesteyn 分布）特征谱线比值 $I_{811.6nm}/I_{750.5nm}$ 随 T_{e} 的变化，其中管径 $r_0 = 3\mathrm{cm}$，气压 $p_0 = 0.3\mathrm{Pa}$，电子密度 $n_{\mathrm{e}} = 6.2 \times 10^{11}\mathrm{cm}^{-3}$。

可以看出，当电子温度 $T_{\mathrm{e}} \geqslant 3\mathrm{eV}$ 时，麦克斯韦分布和 Druyvesteyn 分布下计算得到的 T_{e} 结果一致。由此说明，通常假设电子能量分布符合

麦克斯韦分布计算 T_e 是合理的。

对于 T_e 的测量，通常朗缪尔探针可检测到电子能量分布中大量的体电子，而 OES 测量仅对大于分析中使用的最小阈值能量的电子能量敏感[156]，即 OES 所测量的通常能量高于激发和电离阈值的电子（约 13eV）。而朗缪尔探针测量从电子能量分布的较低能量范围（约 2eV）向体电子加权，得到的是电子的平均温度。若电子能量分布符合麦克斯韦分布，则二者测量的 T_e 一致；如果电子能量不是简单的单温麦克斯韦分布，探针和 OES 测量可能会出现不同的结果，但二者测量的电子温度趋势一致。因此，可通过 OES 对不同实验情况下的 T_e 进行分析。

需要注意的是，利用 OES 方法得到的 T_e 和 n_e 的准确性受到相关速率系数不确定性、简化反应过程等的限制，在一定程度上还受到等离子体重复性的影响。因此，在低气压下测量，这也将是不可忽略的误差来源。通过谱线比值法得到 T_e，需要确定 $[Ar_m] / [Ar]$ 的值和对应特征谱线的反应速率系数。在不同的实验条件下，基于 Malyshev 和 Donnelly 的计算模型[161] 来估算 $[Ar_m]$ 的实际误差约为 6%，再加上其他参量的误差，最后利用式(2.10) 计算得到的电子温度误差约为 10%[158]。相对于朗缪尔探针 T_e 和 n_e 的实验误差（大致为 20% 和 30%[162,163]），OES 的误差还是可以接受的。

2.5.3 空间分辨 OES 设计

虽然 OES 有很多优点，但由于光谱仪是对来自探头路径上大量等离子体的光辐射进行成像，得到的是整个区域的积分值，因此，这种方法并不是空间分辨测量。

本研究中，提出并设计了一种陶瓷结构来限制入射光进入光纤的范围，从而实现具有 3mm 空间分辨率的 LOES 诊断方法。图 2-13 是光纤探头结构示意图。探头主体由氧化铝陶瓷制成，探头的尖端有一个直径 1mm 的通光孔，可保证获取等离子体几乎一条线上的局域光，从而实现空间分辨。为了减少 LOES 探头侵入等离子体造成的影响，探头外径仅为 3mm，长度为 45~75cm。探头光纤内径为 $300\mu m$，与光谱仪相匹配。

图 2-13 LOES 光纤探头的结构简图

2.6 LOES 的定标

如 2.5.1 节中理论所述,对于某些特征谱线,光发射强度和电子密度以及温度之间存在函数关系。当电子温度几乎恒定或变化不大时,这种函数关系近似是线性的。本研究在氩气螺旋波等离子体中进行实验,通过朗缪尔探针测量得到某一位置的电子密度和温度;同时,利用 LOES 测出同一位置处的光谱特征谱线的强度。根据测量结果,得到式(2.14)~式(2.16)中的比例系数 C,从而实现 LOES 对等离子体密度和温度的定标。

2.6.1 氩气等离子体发射光谱分析

图 2-14 是不同磁场下氩螺旋波等离子体典型的发射光谱,其中气压 p_0 为 0.3Pa、射频功率 P_{RF} 为 1500W。

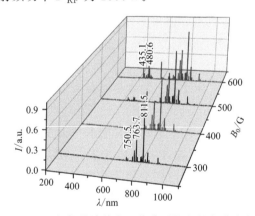

图 2-14 氩螺旋波等离子体典型的发射光谱分布

可以看出，在磁场 B_0 为 300G 和 400G 时，等离子体发射光谱主要由原子谱线组成，其中 Ar I 811.5nm、Ar I 763.7nm 和 Ar I 750.5nm 是最强的谱线，对应的激发能分别为 13.17eV、13.30eV 和 13.48eV，此时放电呈粉红色。由 2.2.1 节理论可知，750.5nm 谱线是由电子与基态粒子直接碰撞激发，以及激发态辐射跃迁产生的。因此，可选择 Ar I 750.5nm 强度来表征电子相对密度。

在较高磁场 B_0 为 500G 和 600G 时，发射谱线除原子谱线（600～900nm）外，氩离子谱线（400～600nm）强度显著增加，等离子体中心区域放电呈浅蓝色。其中 Ar II 435.1nm 和 Ar II 480.6nm 是最强的离子谱线，上能级激发能均大于 35eV。从上述 2.2.1 节可知，离子谱线 480.6nm 的激发态通过电子和离子基态直接碰撞激发得到，谱线发射强度与 n_e 的平方成正相关（假设 T_e 是常数）。因此，Ar II 480.6nm 也可表征电子相对密度。

2.6.2 氩原子和离子特征谱线与电子密度的定标关系

图 2-15 是磁场 $B_0 = 300G$ 时的 Ar I 750.5nm 谱线强度和朗缪尔探针测量的电子密度随功率的变化。

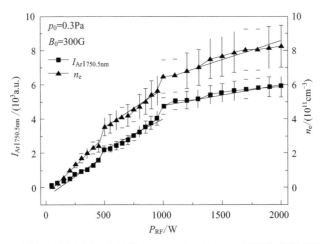

图 2-15 不同射频功率下电子密度和 Ar I 750.5nm 谱线发射强度的对比

可以看出，谱线强度和电子密度随功率的变化趋势相似，表明二者之间存在近似线性关系。

图 2-16 是电子密度随 Ar I 750.5nm 谱线强度的变化曲线。显然，在较大密度值和误差允许范围内，探针电子密度 n_e 与 LOES 原子谱线 750.5nm 强度 $I_{750.5nm}$ 具有很好的近似线性关系，即 $n_e = 1.47 \times 10^8 I_{750.5nm}$。

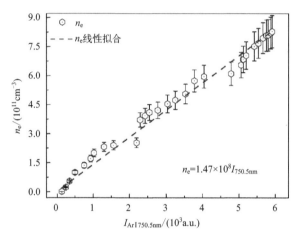

图 2-16 n_e 与 750.5nm 谱线发射强度之间的关系

在较高磁场 $B_0 = 600G$ 下，朗缪尔探针的电子密度与 LOES 的氩原子谱线 750.5nm 和氩离子谱线 480.6nm 的强度随射频功率的变化，如图 2-17 所示。可以看出，功率小于 1000W 时，Ar I 750.5nm 强度的变化与电子密度的变化趋势一致，此时，离子谱线强度较弱。当功率在

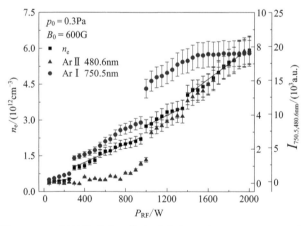

图 2-17 不同射频功率下的电子密度 n_e 和 Ar I 750.5nm 和

Ar II 480.6nm 谱线发射强度对比

$1000 \sim 2000\text{W}$ 之间变化时，原子谱线 750.5nm 发射强度趋于饱和。相反，氩离子谱线 480.6nm 的强度显著增加，呈现与密度相似的变化趋势。在这种情况下，应该选择离子谱线 480.6nm 来表征电子密度。

选择 $1000 \sim 2000\text{W}$ 功率区间的离子谱线 480.6nm 强度和电子密度的数据进行拟合。由于高磁场、高功率下的螺旋波等离子体的电子温度不同[80,81]，因此，在拟合中考虑了 T_e 的影响，得到的离子谱线 Ar II 480.6nm 强度与电子密度的平方乘以温度的平方根（即 $n_e^2 T_e^{0.5}$）的关系如图 2-18 所示。

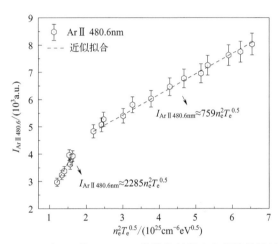

图 2-18　n_e 与 Ar II 480.6nm 谱线发射强度之间的线性拟合

显然，该线性关系与式（2.16）一致，其中 Ar II 中的 $k_{\text{Ar}^+}^{\text{dir}}(T_e)$ 可认为是电子温度 T_e 近似平方根的函数[156]，这也与 Scime 等人[164,165] 的研究结果一致。两个线性关系分别为 $I_{480.6\text{nm}} \approx 2285 n_e^2 T_e^{0.5}$ 和 $I_{480.6\text{nm}} \approx 759 n_e^2 T_e^{0.5}$，其系数的差异主要是由于电子温度不同。

2.6.3　氩原子特征谱线强度比与电子温度的定标关系

图 2-19 是 $B_0 = 300\text{G}$ 时式（2.10）预测的电子温度与朗缪尔探针得到的温度对比。

可以看出，在这种情况下，电子温度随功率的变化并不明显，与图 2-10 中得到的线性拟合关系一致。但是通过探针测量的 T_e 保持在

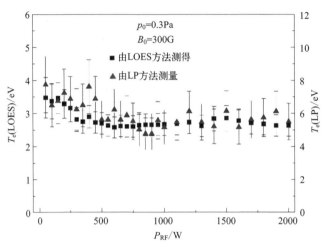

图 2-19　探针和 LOES 在 $B_0=300\text{G}$ 时测量的电子温度随功率的变化

$5\sim6.5\text{eV}$ 之间，而通过光谱得到的 T_e 大约在 $2.5\sim3.5\text{eV}$ 之间，大致是探针测量得到 T_e 的一半，这一差异是系统的。朗缪尔探针获得的 T_e 偏高，一种可能原因是，在测量高温电子时，探针对 RF 频率及谐波处的等离子体电位波动较敏感，从而导致 I-V 曲线水平前后移动；随着功率的增加，曲线扭曲更严重，并将悬浮电位 V_f 移动到更小的值处，导致 T_e 值偏高[37,166]。用谱线比值法求得的 T_e 也存在误差，但是二者测量得到的 T_e 变化趋势几乎一致。在数据分析中，应该采用同一种测试方法。我们也可以通过两种方法相互印证，从而获得更准确的电子温度。

对于较高磁场情形（$B_0=600\text{G}$），放电进入高功率状态时，原子谱线趋于饱和。在这种情况下，原子谱线比值法求 T_e 失效，因此采用朗缪尔探针测量 T_e，如图 2-20 所示。

可以看出，当功率大于 1000W 时，电子温度随功率明显升高，这也可以从离子谱线的强激发看出，因为离子谱线的激发态能量较高，谱线的激发需要高能电子来完成。同时，电子温度在高功率情况中的变化与图 2-18 中线性拟合得到不同斜率因子的结果也是一致的。

综上，不同条件下螺旋波等离子体可用 LOES 进行诊断，由此可以得到等离子体密度和温度的空间分布，从而对螺旋波放电特性及加热机制进行更细致的研究。

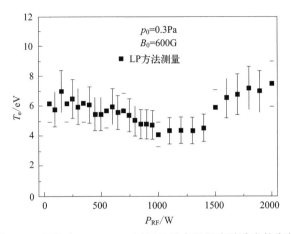

图 2-20　探针在 $B_0 = 600G$ 时测量的电子温度随功率的变化

第 **3** 章

氩气螺旋波等离子体的放电模式及转换

螺旋波等离子体的放电模式会随射频功率或外加磁场增加发生跳变，本章通过实验研究氩气螺旋波等离子体的模式及转换特性，并分析其机理。

3.1 螺旋波的放电模式及表征

3.1.1 等离子体参数的变化

图 3-1 是等离子体参数（电子密度、电子温度和等离子体电势）随射频功率的变化，其中，气压 $p_0=0.3\mathrm{Pa}$、磁场 $B_0=500\mathrm{G}$，探针位于天线中心（$r=0$，$z=0$）。

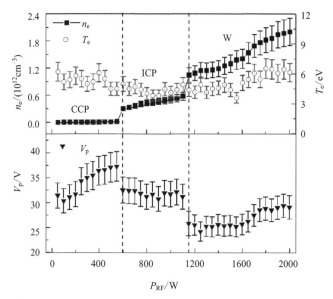

图 3-1 等离子体参数（电子密度、电子温度和等离子体电势）随功率的变化

可以看出，电子密度随功率增加呈现出明显的跳变，伴随着放电从 CCP→ICP→W 模式的转换。其中，CCP—ICP 转换发生在功率 600W 附近，密度从 $1.4\times10^{10}\mathrm{cm}^{-3}$ 跳变到 $2.5\times10^{11}\mathrm{cm}^{-3}$；ICP—W 转换发生在 1150W 附近，密度从 $5.1\times10^{11}\mathrm{cm}^{-3}$ 突增到 $1.1\times10^{12}\mathrm{cm}^{-3}$，随后

密度随功率快速上升。通常，螺旋波模式的视觉特征是等离子体中出现明显的"蓝芯"（或"Blue Core"）[26,31,94-96,98]，但在这种情况下并没有看到。

电子温度在这三个模式下随功率变化不大，基本保持在 4.5eV 附近，在 CCP 模式以及高功率 W 模式下略高，这与以往的结果类似[8-10,30,79]。

等离子体电势随功率呈现类似于密度的跳变现象。不同的是，在CCP 模式下，等离子体电势随射频功率增大而增大；在 ICP 模式下，等离子体电势从 38V 跳变到 32V，然后基本不变。进入 W 模式，等离子体电势再次突然降低至 25V，然后随功率升高略有上升。

3.1.2　特征谱线的变化

图 3-2 为氩原子谱线 750.5nm 和离子谱线 480.6nm 强度随射频功率的变化。实验条件与图 3-1 相同。

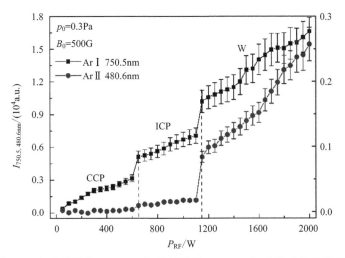

图 3-2　氩原子谱线 750.5nm 和离子谱线 480.6nm 强度随功率的变化

可以看出，氩原子谱线 750.5nm 强度随功率增加快速增加，表现出与电子密度类似的趋势。这说明当电子温度变化不大时，电子密度和750.5nm 谱线强度之间存在线性关系，后者的跳变也可作为螺旋波模式转换的判据。

氩离子谱线 480.6nm 强度同样与放电模式有着密切的关系。但在

CCP 模式($P_{RF}<600W$）下，480.6nm 谱线很弱；进入 ICP 模式后，谱线强度有所增加，但依然相对较弱；放电进入 W 模式后，谱线强度出现跳跃式增长，然后随功率迅速增加，但仍小于原子谱线 750.5nm 强度，如在 $P_{RF}=2000W$ 时，480.6nm 的谱线强度只有 750.5nm 强度的 1/7。在 W 模式下，离子谱线强度随功率的增长趋势和增长率与电子密度的变化趋势完全吻合。这说明氩离子谱线 480.6nm 的激发是电子密度变化以及氩气螺旋波放电进入波模式的良好指标。

3.1.3　外电路参数的变化

螺旋波放电模式转换时，外部匹配网络和天线也随之变化。匹配网络和天线的状态代表发生模式转换时整个等离子体发生系统的宏观行为。本研究测量了同样工况下的有效等离子体负载电阻。

一般情况下，放电系统总有效负载电阻 R_{eff} 包含等离子体电阻 R_p 和天线电阻 R_a，即 $R_{eff}=R_p+R_a$。其中，R_a 包括与天线和匹配网络相关的所有欧姆电阻和接触电阻以及涡流损耗，通过对天线施加射频功率来匹配系统而得到；R_p 包括等离子体中 CCP、ICP 或 W 模式下的所有功率损耗；I_{Ann} 是通过电流探头获得的天线电流。在本实验系统中，天线电阻 R_a 约为 0.6Ω。射频源有效输入功率 P_{RF} 为：

$$P_{RF}=I_{Ann}^2 R_{eff} \tag{3.1}$$

由此可以得到等离子体电阻 R_p。

等离子体电阻是系统的重要参数，与功率传输效率（等离子体消耗的功率与总射频输入功率的比值）成正比，而功率传输效率又与等离子体密度成正比。因此，在发生模式转换时，等离子体电阻也将发生跳跃。

图 3-3 所示为等离子体电阻 R_p 和天线电流 I_{Ann} 随功率的变化，实验条件同图 3-1。

可以看出，在各种给定模式下，由匹配条件（调谐和负载电容）决定的等离子体电阻几乎保持稳定；而当发生模式转换时，密度跳跃点处的等离子体电阻也跳跃。天线电流的变化也清楚地反映了放电模式的转换。

由此可确认，可以通过不同参数的变化判定螺旋波放电的模式转换现象，这也是后续研究多波模式及转换的实验基础。

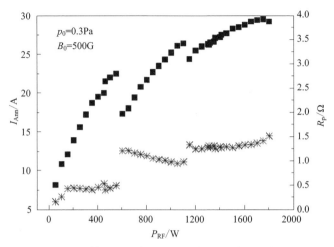

图 3-3 等离子体电阻和天线电流随功率的变化

3.2 放电条件的影响

氩气螺旋波等离子体可以在不同的射频功率、气压和磁场等条件下产生[26-30,79-89]，放电条件变化将引起模式转换。

3.2.1 气压的影响

图 3-4 是等离子体电子密度 n_e 随射频功率 P_{RF} 的变化，其中 p_0 为 0.3Pa、0.5Pa 和 0.8Pa，朗缪尔探针位于天线中心（$r=0$，$z=0$）。

可以看出，不同气压下，n_e-P_{RF} 曲线出现不同次数的密度跳跃。

在较高气压 $p_0=0.8$Pa 下，螺旋波放电经历 CCP、ICP 和四种波模式（W1～W4）。模式转换分别发生在临界等离子体密度 $n_{e,cr0}=3.0\times10^{11}\text{cm}^{-3}$（CCP—ICP 转换，阈值功率 $P_{RF,cr0}=300$W）、$n_{e,cr1}=1.3\times10^{12}\text{cm}^{-3}$（ICP—W1 转换，$P_{RF,cr1}=550$W）、$n_{e,cr2}=3.5\times10^{12}\text{cm}^{-3}$（W1—W2 转换，$P_{RF,cr2}=1000$W）、$n_{e,cr3}=4.9\times10^{12}\text{cm}^{-3}$（W2—W3 转换，$P_{RF,cr3}=1450$W）以及 $n_{e,cr4}=8.3\times10^{12}\text{cm}^{-3}$（W3—W4 转换，$P_{RF,cr4}=1850$W）时。

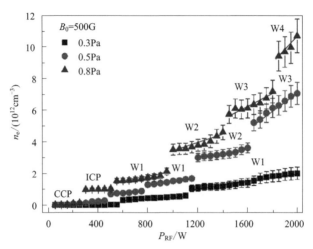

图 3-4　等离子体电子密度在不同气压下随功率的变化

当 $p_0 = 0.5\text{Pa}$ 时，螺旋波放电呈现 CCP、ICP 和 W1～W3 等三种波模式；模式转换的临界等离子体密度分别为 $n_{e,cr0-3} = 6.8 \times 10^{11}\text{cm}^{-3}$（CCP—ICP 转换，$P_{RF,cr0} = 500\text{W}$）、$1.3 \times 10^{12}\text{cm}^{-3}$（H—W1 转换，$P_{RF,cr1} = 800\text{W}$）、$3.0 \times 10^{12}\text{cm}^{-3}$（W1—W2 转换，$P_{RF,cr2} = 1200\text{W}$）和 $5.2 \times 10^{12}\text{cm}^{-3}$（W2—W3 转换，$P_{RF,cr3} = 1650\text{W}$）。

在较低气压 $p_0 = 0.3\text{Pa}$ 下，只观察到一种波模式，ICP—W 转换发生在 $P_{RF,cr1} = 1150\text{W}$，临界密度 $n_{e,cr1} = 1.1 \times 10^{12}\text{cm}^{-3}$ 时。

还可以看出，不同气压下的波模转换的临界电子密度几乎相同。例如，对于 W1—W4 的模式转换，其阈值密度 $n_{e,cr1-4}$ 分别为 $1.3^{\pm 0.2} \times 10^{12}\text{cm}^{-3}$、$3.2^{\pm 0.3} \times 10^{12}\text{cm}^{-3}$、$5.0^{\pm 0.5} \times 10^{-12}\text{cm}^{-3}$ 和 $8.0^{\pm 0.5} \times 10^{12}\text{cm}^{-3}$。

进入波模式后，LOES 测量的离子谱线 Ar Ⅱ 480.6nm 强度也出现了与等离子体电子密度相似的跃变，如图 3-5(a) 所示。

在 CCP 和 ICP 模式下，480.6nm 光强相对较弱；进入 W 模式后，谱线强度显著增加，在不同气压下都出现明显的跳变，且每个波模式下的斜率和功率跳变点与电子密度的变化趋势基本一致。这也再次证实氩离子谱线 480.6nm 的激发是氩气螺旋波放电波模式形成的良好指标。

此外，放电图像显示在 W2 模式中出现明显的 Blue Core，且随着新的高阶波模式（W3 和 W4）的出现，Blue Core 越来越强。这与离子谱线的强激发相吻合。

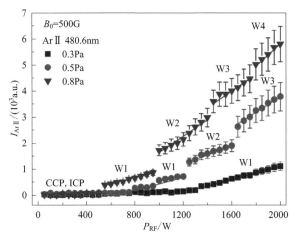

(a) 不同气压下(p_0为0.3Pa、0.5Pa和0.8Pa)ArⅡ 480.6 nm谱线强度随功率的变化

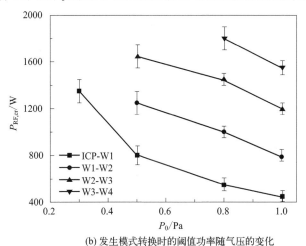

(b) 发生模式转换时的阈值功率随气压的变化

图 3-5　ArⅡ 480.6nm 在不同气压下谱线强度随功率的变化及发生模式转换时阈值功率随气压的变化

实验发现，存在发生多波模式的临界气压，本实验系统中约为 $p_0=$ 0.3Pa。低于该气压时，螺旋波放电将不足以维持稳定的波模式。这一现象也被 Keiter 和 Kim 等人[80,82] 观测到。

在临界气压 $p_0=0.3$Pa 以上，波模式的数量随气压的增加而增加，模式转换的阈值射频功率随气压增加而降低，如图 3-5(b) 所示。即在较高的气压下更容易实现多波模式。

图 3-6 是不同射频功率下，探针所测量的电子密度和电子温度与气压的关系。

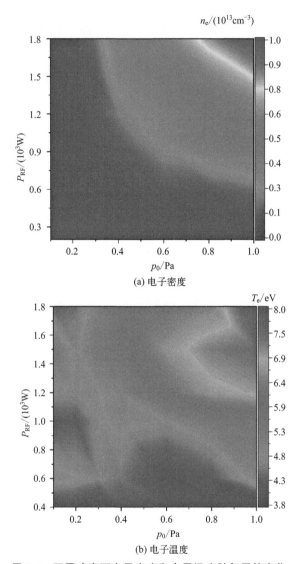

(a) 电子密度

(b) 电子温度

图 3-6　不同功率下电子密度和电子温度随气压的变化

可以看出，低气压下电子密度随气压增加变化很小，值也较小。气压增加到 0.3Pa 时，高功率下（P_{RF} 为 1500W、1800W）的密度突然增大，例如，$P_{RF}=1500$W 时，电子密度相比 0.2Pa 时几乎增大 5 倍。同时，等离子体的中心区域颜色从浅粉色变成浅蓝色，预示放电进入波模式。在阈值气压以上，等离子体密度随气体气压增加而增大。

电子温度随功率和气压的变化趋势与电子密度相似，如图 3.6(b) 所示。当气压高于 0.3Pa 时，电子温度随气压的升高而升高；在较高功率（>800W）或高阶模式（W2～W4）下，电子温度较高。例如，在 $P_{RF} = 1500W$、$p_0 = 1.0Pa$ 时，T_e 达到了 7.8eV，远高于 800W 时的 5.1eV，表明此时存在更多的高能电子。由此也可以推断，形成高阶模式需要高能电子群。

3.2.2 磁场的影响

图 3-7 给出 B_0 为 100G、300G 和 500G 时，探针测量天线中心电子密度随功率的变化，其中，气压为 $p_0 = 0.8Pa$。

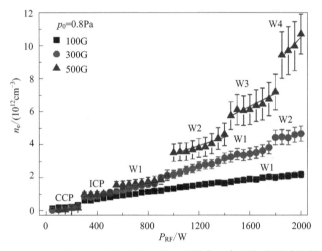

图 3-7 B_0 为 100G、300G 和 500G 时，天线中心电子密度随功率的变化

可以看出，在较高磁场 B_0 为 500G 时，螺旋波放电经历如上述图 3-4 描述的 CCP、ICP 和四种波模式（W1～W4）。模式转换的阈值功率与电子密度为 $n_{e,cr1} = 1.3 \times 10^{12} cm^{-3}$（ICP—W1 转换，$P_{RF,cr1} = 550W$）、$n_{e,cr2} = 3.5 \times 10^{12} cm^{-3}$（W1—W2 转换，$P_{RF,cr2} = 1000W$）、$n_{e,cr3} = 4.9 \times 10^{12} cm^{-3}$（W2—W3 转换，$P_{RF,cr3} = 1450W$）以及 $n_{e,cr4} = 8.3 \times 10^{12} cm^{-3}$（W3—W4 转换，$P_{RF,cr4} = 1850W$）。

当 B_0 为 300G 时，螺旋波放电经历 CCP、ICP 和 W1、W2 两种波模式；模式转换的临界密度分别为 $n_{e,cr0-2} = 2.5 \times 10^{11} cm^{-3}$（CCP—ICP 转

换，$P_{\text{RF,cr0}} = 300\text{W}$）、$7.5 \times 10^{11}\,\text{cm}^{-3}$（ICP—W1 转换，$P_{\text{RF,cr1}} = 500\text{W}$）和 $2.8 \times 10^{12}\,\text{cm}^{-3}$（W1—W2 转换，$P_{\text{RF,cr2}} = 1800\text{W}$）。

在较低磁场 B_0 为 100G 时，只观察到一种波模式，ICP—W 转换发生在 $P_{\text{RF,cr1}} = 550\text{W}$，临界密度 $n_{\text{e,cr1}} = 2.6 \times 10^{11}\,\text{cm}^{-3}$ 条件下。

可见，在不同磁场下存在波模式形成和转换的密度阈值，该阈值与磁场强度呈正相关。

进入高阶模式（W2～W4）后，LOES 测量的离子谱线 Ar Ⅱ 480.6nm 强度随功率的变化与密度变化相似，如图 3-8(a) 所示。当 $B_0 > 250$G 时，

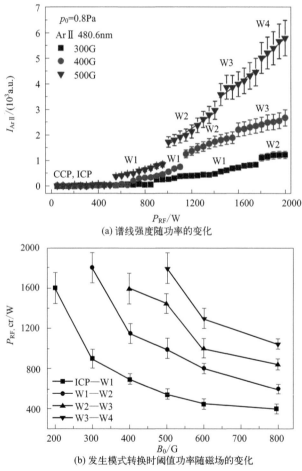

(a) 谱线强度随功率的变化

(b) 发生模式转换时阈值功率随磁场的变化

图 3-8　不同磁场（B_0 为 300G、400G 和 500G）下 Ar Ⅱ 480.6nm 谱线强度随功率的变化和发生模式转换时的阈值功率随磁场的变化

至少出现两个波模式；等离子体的中心区域出现 Blue Core。随着磁场的增加，进入各高阶模式的阈值功率减小，如图 3-8（b）所示。这说明在较高的磁场下更容易实现波模式及转换，且波模式的数量也越多。

　　此外，在恒定射频功率下，通过改变磁场也可以实现多波模式及转换。图 3-9 是 $p_0 = 0.8$Pa 的氩螺旋波等离子体中，在不同功率（P_{RF} 为 800W、1000W、1200W 和 1500W）时的等离子体电子密度以及 Ar II 480.6nm 谱线强度随磁场的变化。

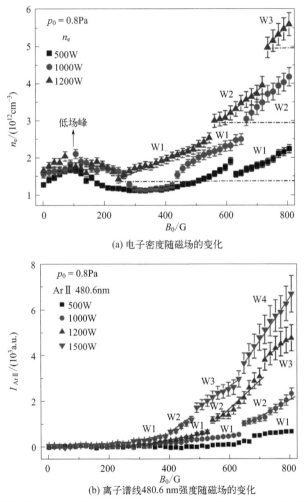

(a) 电子密度随磁场的变化

(b) 离子谱线480.6 nm强度随磁场的变化

图 3-9　不同功率（P_{RF} 为 800W、1000W、1200W 和 1500W）下电子密度和
离子谱线 480.6nm 强度随磁场的变化

当功率为 1200W 或更高时，可以观察到 3 次或 3 次以上的波模式及转换（即 W1～W3），其阈值密度分别为 $n_{e,cr1}=1.2\times10^{12}\,cm^{-3}$（$B_{0,cr1}=250G$）、$n_{e,cr2}=2.8\times10^{12}\,cm^{-3}$（$B_{0,cr2}=525G$）和 $n_{e,cr3}=4.4\times10^{12}\,cm^{-3}$（$B_{0,cr3}=735G$）。

值得注意的是，在磁场高于临界阈值 250G 时，等离子体密度随外加磁场的增大而增大，与固定波数下的螺旋波色散关系一致。由于每个波模式下，密度随磁场变化的斜率反映不同的波数 k（或 k_z），上述结果表明，出现高阶模式后的波数将发生跳变，即波模式是离散变化或量子化的；斜率也不是简单的倍数关系（或模数之比），亦即模式跳变不是低模到高模的简单转换，而应该是存在高、低混合模式。

当 P_{RF} 为 1000W 时，螺旋波放电有 W1 和 W2 两种波模式，其阈值密度分别为 $n_{e,cr1}=1.3\times10^{12}\,cm^{-3}$（$B_{0,cr1}=437G$，ICP—W1）和 $n_{e,cr2}=2.8\times10^{12}\,cm^{-3}$（$B_{0,cr2}=665G$，W1—W2）。

在较低功率 $P_{RF}=500W$ 下，只观察到一种波模式。此时 $B_{0,cr1}=630G$，阈值密度 $n_{e,cr1}=1.3\times10^{12}\,cm^{-3}$。

可见，随着磁场强度的变化，在不同功率下模式转换的临界密度也几乎相同。对于 ICP—W1 转换，$n_{e,cr1}=1.2^{\pm0.4}\times10^{12}\,cm^{-3}$。对于 W1—W2 转换，$n_{e,cr2}=2.8^{\pm0.4}\times10^{12}\,cm^{-3}$。

当 $B_0>250G$ 时，电子密度和谱线强度随磁场变化和模式转换的趋势一致；而当 $B_0<250G$ 时，由于谱线强度相对较小，因此在此范围内变化较小，如图 3-9(b) 所示。值得注意的是，在低磁场条件下（$B_0=50\sim200G$），密度随磁场的变化出现一个或两个密度峰，如图 3-9(a) 所示，称为"低场峰"（LFP）[167-169]。本书不讨论这种现象，详细研究可参见其他研究工作[168,169]。

如图 3-10 所示，与密度和离子谱线强度变化趋势不同的是：随着磁场强度的增加，电子温度（基于探针诊断）开始几乎保持不变，T_e 约为 4eV；B_0 超过 250G

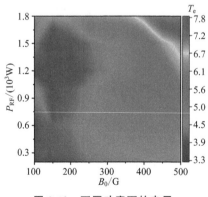

图 3-10 不同功率下的电子温度随磁场强度的变化

后才随磁场强度变化略有增加，T_e 约为 7.5eV。这表明，高阶模式下的高能电子更多。

3.2.3 放电管尺寸和形状的影响

放电几何结构（包括放电管尺寸和形状）也对模式转换有重要的影响[83-85]。保持气压 $p_0 = 0.8Pa$、磁场 $B_0 = 500G$ 不变，管径 d 为 2cm、4cm 和 6cm 的放电管天线中心氩原子谱线 750.5nm 强度（对应等离子体电子密度）随功率的变化，如图 3-11(a) 所示。

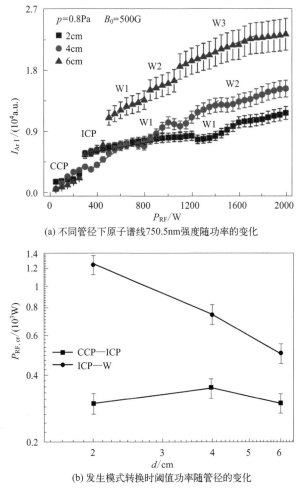

(a) 不同管径下原子谱线750.5nm强度随功率的变化

(b) 发生模式转换时阈值功率随管径的变化

图 3-11 不同管径（d 为 2cm、4cm 和 6cm）下原子谱线 750.5nm 强度随功率的变化和发生模式转换时的阈值功率随管径的变化

可以看出，在不同管径的放电管内，均可观察到放电模式转换现象。在较大管径的放电管内（$d \geqslant 6\text{cm}$），谱线强度较强（电子密度较高），模式转换更为显著，能够出现更多波模式（W1—W3）。而在小管径的放电管内（d 为 4cm 和 2cm），电子密度相对较小，随功率增大，放电经历 CCP—ICP—W1（或 W1—W2）模式转换。

发生模式转换的阈值功率随管径增大而降低，如图 3-11（b）所示。这表明大管径的放电管内螺旋波放电更容易发生模式转换，也可以从离子谱线 480.6nm 强度（波模式下可以很好地表征电子密度）随功率的变化规律中看出，如图 3-12 所示。

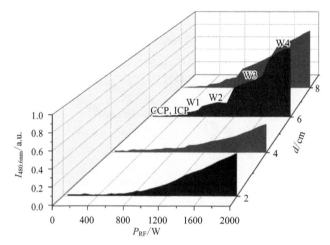

图 3-12　不同管径（d 为 2cm、4cm、6cm 和 8cm）下离子
谱线 480.6nm 强度随功率的变化

进入波模式以后，大管径放电管内（$d \geqslant 6\text{cm}$）的电子密度明显高于小管径，且更容易实现多波模式及转换过程。

为研究放电管几何形状对放电的影响，实验中保持气压 $p_0 = 0.8\text{Pa}$、磁场 $B_0 = 500\text{G}$ 以及其他实验条件不变，在 $d = 6\text{cm}$ 的圆柱形空心放电管中内置 $d = 2\text{cm}$ 的实心石英柱构成环形放电管，如图 3-13（a）所示。图 3-13（b）给出在两种形状的放电管中，氩离子谱线 480.6nm 的强度（电子密度）随功率的变化。

可以看出，在 $d = 6\text{cm}$ 的空心放电管内，螺旋波放电表现为 CCP—ICP—W1—W4 多种放电模式。在 $d = 6\text{cm}$ 的环形放电管内，放电模式

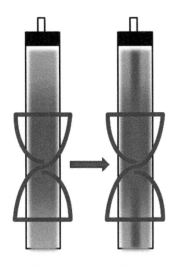

(a) 圆柱形空心和环形放电管示意图

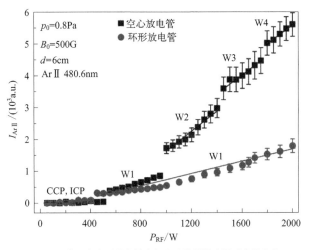

(b) 空心和环形放电管内氩离子谱线强度随功率的变化

图 3-13　放电管几何形状对放电的影响

从 CCP 和 ICP 转换到 W1 模式，且进入 W1 模式后密度随功率的变化趋势与空心放电管基本一致；但在高功率下（$P_{RF} > 1000W$），密度相对空心放电管较弱，放电显示没有明显跳变，仅存在一个波模式，并且即使在 $P_{RF} = 2000W$ 的高功率下，也并没有出现明显的 Blue Core 现象。与图 3-11 小管径放电中（如 $d = 2cm$）仅存在一个波模式的结果相似。

3.3 模式转换的分析

我们看到，在一定功率、气压和磁场范围内，氩气螺旋波等离子体可实现多波模式及转换过程，存在 2～4 种波耦合模式；而这些模式转换都伴随等离子体密度的跳变，这应该与螺旋波和等离子体的耦合相关。我们可以从螺旋波等离子体放电的稳定性予以理解[37,70,170-172]。

为了维持螺旋波传播，等离子体电子密度必须高于固定磁场中由螺旋波色散关系决定的特定值，即 $n_e = kk_z B_0 / (\omega e \mu_0)$[58,60-62]。而在波模式下，密度随功率或磁场持续增加，放电将可能变得不稳定，从而寻求新的稳定条件，即：阈值密度达到新的波模出现时，螺旋波进入新的耦合模式，放电达到新的稳定状态。造成等离子体不稳定的原因是螺旋波等离子体的功率损耗与密度成正比，而功率吸收是密度的复杂函数[37,70,172]。因此，基于功率平衡原则，波模式的等离子体随着密度的增加趋于进入新的稳定波模式状态。由于螺旋波波长 λ（或波数 $k = 2\pi/\lambda$）可能受到系统尺寸[33,34,37]的强烈限制或被天线长度[33]所影响，因此模式转换以新的波长与等离子体长度或天线长度相匹配的方式发生轴向或径向本征模转换[33-37]，即离散化的模式转换。由此推测，在波模式中，密度变化将使螺旋波的波长随等离子体长度或天线长度的变化呈离散状态，等离子体可通过模式转换达到新的稳定波模式。

发生模式转换时，电子温度以及特征谱线强度均发生了类似跳变（如图 3-5、图 3-8 和图 3-10）。高阶模式中的强离子谱线发射以及较高的电子温度源于螺旋波等离子体中的高能电子；高能电子与中性粒子碰撞能够更有效地电离气体原子，从而获得更高的电离率，因此电子密度提高。

根据色散关系，由于稳定波模式的波数与密度、磁场、管径等相关，参数之间彼此相互关联，因此导致波模式及转换依赖于操作参数，包括射频功率、气压、磁场和放电管几何尺寸。各操作参数对模式及转换的影响如下。

① 射频功率 对于一个理想的系统，我们通过考虑功率平衡[82,172]来分析功率对模式转换的影响。通常，输入的射频能量耦合到波中，然后波与粒子相互作用，将能量转移到等离子体电子上。假设输入功率 P_{RF}

转化为电子的动能，通过电离和激发以及流向等离子体柱末端的能量耗散，即在平衡状态下，$P_{RF}=2AC_sn_e[E+e(V_p+2T_e)]$。式中，$A$ 是长度为 L 和半径为 r_0 的等离子体的截面积；C_s 为离子声速；E 是产生一个电子-离子对所消耗的平均能量，几乎是电离能的两倍；$e(V_p+2T_e)$ 是穿过等离子体柱末端势垒的电子所带走的平均能量。当给定气压和磁场时，密度随功率的增加几乎线性增加，存在激发螺旋波需要的阈值射频功率。当 $n_e=1.3\times10^{12}\,cm^{-3}$、$T_e=5eV$、$V_p=25V$ 和 $r_0=3cm$ 时，根据计算，维持密度为 $1.3\times10^{12}\,cm^{-3}$ 的螺旋波等离子体所需的射频功率约为 400W。因此，在实验中，可以在 500W 以上激发密度为 $1.3\times10^{12}\,cm^{-3}$ 的螺旋波等离子体（如图 3-1、图 3-4 和图 3-7 所示），计算值与实验值之间的一些差异可能是由于忽略了射频波辐射和等离子体径向损耗。然而，事实上，等离子体的吸收功率在某些密度范围内会发生振荡[37,70,170-172]，因此存在不止一个稳定的放电密度。当功率被充分吸收，密度增加到可建立特定本征模时，即发生模式转换。

② 磁场　足够强的外加轴向磁场是螺旋波等离子体波模式形成的必要条件，也是影响螺旋波放电实现多波模式及转换的重要参数[33,79,82]。在固定气压和功率下，磁场和密度的线性增加使得 n_e/B_0 的比值保持不变，则放电处于稳定的波模式；当磁场持续增加时，由于磁场具有对等离子体的强径向约束，等离子体密度的迅速增加导致 n_e/B_0 的比值发生变化，即由色散关系[58-62] 可知，波数 k 或 k_z（或波长 λ）将同时发生变化，因此放电进入新的波模式（如图 3-9 所示）。

③ 气压　当给定磁场和功率时，随着中性气压的增加，电子与中性气体之间的碰撞越来越频繁，导致平均自由程 λ_{en} 缩短（$\lambda_{en}\propto1/n_g$，式中，n_g 为中性气体密度），则平行于磁场的电子输运减少，这将使更多的电子可以参与中性粒子的电离过程，从而导致较高的电子密度；当密度达到可建立不同本征模的阈值密度时，放电可实现不同的波模式及转换过程（如图 3-4 所示）。

④ 管径　管径的影响可从粒子产生效率 N_e/P_{RF}[83-85]（即整个等离子体区的电子数 N_e 与 P_{RF} 的比值）来理解。对于小管径 $d=2cm$，当放电功率为 1200W 时，放电管内平均密度 $n_e=2.5\times10^{12}\,cm^{-3}$，轴向等离子体长度为 45cm，则 N_e/P_{RF} 约为 $0.3\times10^{12}\,W^{-1}$；对于大管径 $d=$

8cm，相同功率放电管内平均密度 $n_e=6.5\times10^{12}\,\mathrm{cm}^{-3}$，则 N_e/P_{RF} 约为 $12\times10^{12}\,\mathrm{W}^{-1}$，远高于小管径 $d=2\mathrm{cm}$ 内的粒子产生效率。该效率值近似与等离子体柱截面积 πr_0^2 成正比。

造成小管径内粒子产生效率较低的原因可能是小管径内等离子体存在较大的壁面损失[84]。当放电条件（功率、气压、磁场）一定时，假设损失功率 P_{loss} 与壁面损失功率 $P_{\mathrm{loss,bound}}$ 正相关，而 $P_{\mathrm{loss,bound}}=P_{\mathrm{abs}}\dfrac{2\pi r_0 L}{\pi r_0^2 L}=\dfrac{2P_{\mathrm{abs}}}{r_0}$，则损失功率 $P_{\mathrm{loss}}\propto\dfrac{1}{r_0}$。由此推测，能量损失效率 $\dfrac{P_{\mathrm{loss}}}{P_{\mathrm{abs}}}$ 随管径的增大而降低。因此，当其他条件都不变时，较大管径的放电管内将具有较高的密度，从而可实现多波模式及转换，如图 3-11 所示。对于管径相同，截面不同的放电管，如直径 $2r_0$ 圆柱形空心放电管内置直径 $2r_1$ 的石英柱构成环形放电管，如图 3-13（a），其 $P_{\mathrm{loss,bound}}=P_{\mathrm{abs}}\dfrac{2\pi L(r_0+r_1)}{\pi L(r_0^2-r_1^2)}=\dfrac{2P_{\mathrm{abs}}}{r_0-r_1}$，因此 $\dfrac{P_{\mathrm{loss}}}{P_{\mathrm{abs}}}\propto\dfrac{1}{r_0-r_1}$。当 $r_1=0$ 时，即为圆柱形空心放电管；当 $r_0>r_1>0$ 时，即为环形结构，r_0-r_1 为等离子体（或放电通道）的有效半径。因此，当空心管内置实心柱且其他条件保持不变时，能量损失率相比空心管增大，导致产生较低的电子密度，从而仅实现一个波模式，如图 3-13（b）所示。这一现象与 Degeling 等人[103] 的结果一致，即在等离子体中插入小尺寸的石英管后，需要增加大约 10% 的输入功率才能达到与未插入石英管时相同的密度水平。

第 **4** 章

氩气螺旋波等离子体的空间分布

前一章研究了氩气螺旋波等离子体天线中心的参数，本章研究等离子体的空间分布特性。

4.1 径向分布

4.1.1 等离子体密度

图 4-1 是氩气螺旋波等离子体三个典型的放电模式 [CCP(300W)、ICP(800W) 和 W(1500W)] 下 LOES 测量的氩原子 750.5nm 谱线强度的径向分布，其中，$p_0 = 0.3$Pa，$B_0 = 500$G，光纤探头位于中心轴 $z = 0$ 处。利用对标关系得到的电子密度也表示在图上。

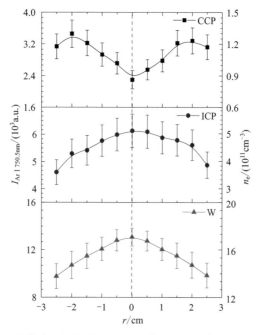

图 4-1 在不同模式下氩原子 750.5nm 谱线强度和电子密度的径向分布

虚线表示天线轴心

可以看出，不同模式下的等离子体电子密度的径向分布呈现明显不同的特点。在 CCP 模式下，电子密度呈中空分布，即中心密度低，边沿附近有一个明显的极大值，密度为 $n_e = 1.2 \times 10^{11} \mathrm{cm}^{-3}$，这也是 CCP 模式下可达到的密度上限。这一密度分布显示出典型的 CCP 边缘鞘层加热机制[26]，峰值在 r 约为 2cm 处，大致等于鞘层的厚度。在 ICP 模式下，电子密度呈"拱型"或"U型"分布，中心峰值为 $n_e = 5.2 \times 10^{11} \mathrm{cm}^{-3}$，这也是 ICP 模式下的典型密度值。此时，径向剖面与感应放电模型[26,93]一致，即趋肤层内的感应电流加热等离子体。在 W 模式下，电子密度具有中心峰分布，$n_e = 1.8 \times 10^{12} \mathrm{cm}^{-3}$，高于 CCP 和 ICP 近一个数量级。以上结果与以往氩螺旋波等离子体的研究相似[93-96]。而中心高、边缘低的密度分布也是波模式区别于其他模式的显著特点之一[8-10,93-97]。

不同功率或磁场下波耦合模式等离子体密度的径向分布有所不同，如图 4-2 所示，其中图 4-2(a) 是 $B_0 = 500\mathrm{G}$ 时不同射频功率的结果，图 4-2(b) 是 $P_{RF} = 2000\mathrm{W}$ 时不同磁场的结果。

可以看出，随着射频功率和磁场的增大，电子密度呈"U型"或"V型"分布，均在轴中心达到峰值。在 W1 模式下（800W），中心区域的密度相对均匀，径向梯度较小，峰值密度为 $1.8 \times 10^{12} \mathrm{cm}^{-3}$，略高于边沿处的 $1.3 \times 10^{12} \mathrm{cm}^{-3}$。在高阶 W2 模式下（1200W），中心区域密度明显增加，峰值达到 $4.0 \times 10^{12} \mathrm{cm}^{-3}$，大约是 W1 模式的 2.2 倍；从中心到边缘密度具有明显径向梯度，$\Delta n_e / r_0 = 9.2 \times 10^{11} \mathrm{cm}^{-3}/\mathrm{cm}$。在更高阶模式（W3 和 W4）下，电子密度整体有很大提升，中心区域密度峰值更高，径

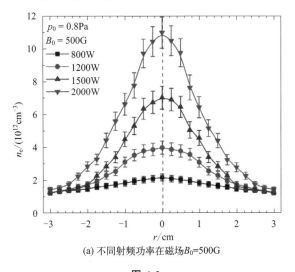

(a) 不同射频功率在磁场 B_0=500G

图 4-2

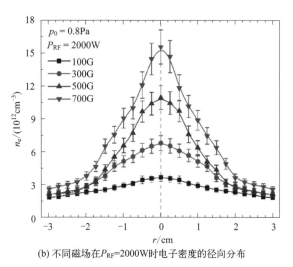

(b) 不同磁场在P_{RF}=2000W时电子密度的径向分布

图 4-2 不同功率或磁场下波耦合模式等离子体密度径向分布

虚线表示天线轴心

向密度梯度相比前两个波模式更大。

而磁场增大导致密度分布也出现明显差异。在 W1 模式下（2000W、100G），中心区域的密度近似均匀，峰值密度为 $2.8 \times 10^{12} \text{cm}^{-3}$，略高于边沿处的 $2.0 \times 10^{12} \text{cm}^{-3}$。在 W2 模式下（300G），中心密度峰值为 $6.1 \times 10^{12} \text{cm}^{-3}$，从中心到边缘径向密度梯度为 $\Delta n_e/r_0 = 1.3 \times 10^{12} \text{cm}^{-3}/\text{cm}$。在 W3 和 W4 模式下，中心峰值明显升高，在 $B_0 = 700\text{G}$ 时，峰值密度达 $1.5 \times 10^{13} \text{cm}^{-3}$，径向梯度更大。

总的来说，进入 W 模式后，功率或磁场的增加都将导致中心峰值密度增强以及径向梯度增大，亦即在非均匀径向密度剖面中，除边缘电子加热外，还存在大量体电子的中心加热；体电子加热的份额随功率或磁场的增大而增加，随等离子体不均匀程度（或径向梯度）的增加而增加[141,143]。

4.1.2 电子温度

图 4-3 是氩气螺旋波等离子体不同功率（不同放电模式）下探针测量的电子温度在径向分布，实验条件与图 4-2(a) 相同。

可以看到，在 CCP 和 ICP 模式下（200~600W），电子温度较低，

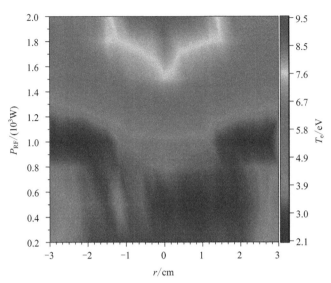

图 4-3　不同模式(不同功率) 下氩螺旋波等离子体电子温度的径向分布

T_e 约为 3eV，且边缘区域的温度略高，T_e 约为 3.6eV。在 W 模式下 ($P_{RF} > 600W$)，电子温度整体上都有增加，尤其是中心区域增加明显。在 W1 模式下 (600~1000W)，电子温度径向近似均匀，T_e 约为 4eV；放电进入高阶模式（W2~W4，$P_{RF} > 1200W$）后，电子温度整体明显升高，中心的温度总是高于边缘，如 $P_{RF} = 2000W$ 时，$T_e(r=0) = 9.1eV$ 大于 $T_e(r_0 = \pm 3cm) = 6.2eV$。

电子温度的径向分布与电子密度（图 4-1 和图 4-2）相似。这表明，CCP 和 ICP 模式下用于电子加热的方式存在较低的电离效率；进入 W 模式后，能量沉积效率极大提高，中心区域的体电子加热随高阶模式的出现而逐渐增强。

4.1.3　特征谱线

进一步通过空间分辨的 LOES 对等离子体进行诊断。图 4-4 是在不同波模式下氩原子 750.5nm 和离子 480.6nm 特征谱线的径向分布。实验条件与图 4-2(a) 相同。

可以看出，氩原子谱线 750.5nm 强度在低阶 W1 模式下呈现中心峰值分布；而氩离子谱线 480.6nm 强度相对较弱，在整个径向呈现平坦的

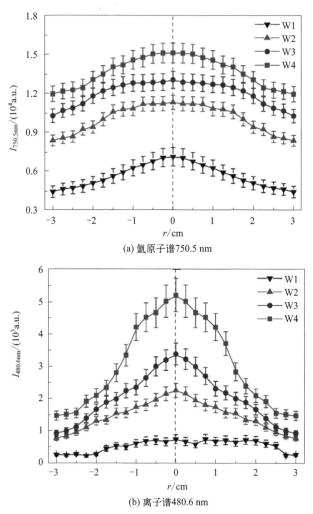

(a) 氩原子谱750.5 nm

(b) 离子谱480.6 nm

图 4-4　不同波模式下氩原子谱 750.5nm 和离子谱 480.6nm 强度的径向分布

W1～W4 模式对应射频功率分别为 800W、1200W、1500W 和 2000W；$p_0 = 0.8Pa$，
$B_0 = 500G$；虚线表示天线轴心

峰值分布，这与等离子体密度的较小径向变化有关。进入高阶模式（W2～W4）后，中心区域的氩原子谱线趋于均匀分布，离子谱线则在中心最强，然后沿径向很快衰减，与电子密度的变化趋势一致，见图 4-2(a)。从 W2 到 W4 模式，径向梯度随之增大，由 W2 模式的 494a. u. /cm 增长为 W4 模式的 1800a. u. /cm。

原子和离子谱线强度的径向分布在不同波模式的相对变化表明，放电进入高阶模式（W2及以上）后，中心体电子加热强烈，同时出现严重的中性损耗[9,154,173]，即中性原子压力（密度）显著降低，导致原子谱强度趋于均匀，而离子谱线则在中心区域强激发。

4.1.4 放电图像

等离子体径向分布的另一个直观表现是径向截面图像。图4-5是不同波模式下加载750nm［图（a）～图（d）］和480nm［图（e）～图（h）］滤光片的径向CCD图像，其中750nm的曝光时间为0.15ms，480nm的曝光时间为1ms。

可以看到，在不同波模式下，原子和离子谱线光强的变化明显不同。在W1模式下，等离子体整体光强（原子和离子）较弱，光强分布较为弥散，但仍显示出中心强、边缘低，见图4-5（a）和（e）。这种现象表明，此时螺旋波放电没有明显Blue Core。在W2模式下，等离子体辉光强度显著增强，中心明显强于边缘，原子和离子光强截面均显示出现明显的Blue Core，见图4-5（b）和（f）。进入W3模式后，原子谱光强进一步增加，但径向几乎呈均匀分布，而离子谱光强截面呈现中心强度明显增强的情形，见图4-5（c）和（g）。进入W4模式时，原子谱光强截面在整个区域呈现均匀分布，离子谱光强截面显示Blue Core的中心发光更强。Blue Core从无到有、从弱到强，显示出氩气螺旋波放电多波模式的典型特征。

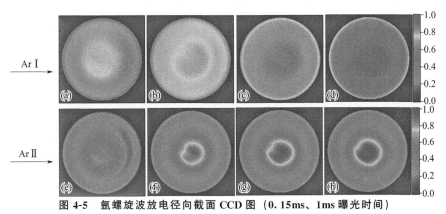

图4-5 氩螺旋波放电径向截面CCD图（0.15ms、1ms曝光时间）

图像从左到右为W1～W4模式，对应功率分别为800W、1200W、1500W和2000W；

（a）～（d）为氩原子Ar I 发射截面，（e）～（h）为氩离子Ar II 发射截面

离子谱光强的 CCD 放电截面与上述电子密度和特征离子谱强度的径向分布一致。这说明，氩离子谱线是 Blue Core 的重要成组成部分，这与以前的研究结果相吻合[8-10,46,86,94,96]。

从 2.2.1 节光谱理论可知，氩离子谱线通常是两步激发，光强 $I_{\text{ArII}} \propto n_{\text{e}}^2 \langle \sigma_1 \upsilon \rangle \langle \sigma_2 \upsilon \rangle$。式中，$\sigma_1$ 和 σ_2 分别为每步激发的截面。由于离子谱线具有较高的激发能（约为 19.2eV，大于电离能 15.6eV），离子谱线的激发需要高能电子来完成[45,154,173]，亦即：离子谱线强度的变化可以一定程度上反映高能电子群密度的变化。

我们可以定义一个物理量——电子加热效率[174]：

$$\chi = \frac{I_{\text{ArII}}}{n_{\text{e}}^2} \propto \langle \sigma_1 \upsilon \rangle \langle \sigma_2 \upsilon \rangle \tag{4.1}$$

对于相对密度为 $\bar{n}$、典型能量为 $m\bar{\upsilon}^2/2$ 的高能电子，σ_1 和 σ_2 被认为是平均截面 $\bar{\sigma}$ 的量级。这样，$\chi \propto \bar{\sigma}^2 (m\bar{\upsilon}^2/2)\bar{n}$ 可以用来衡量高能电子数密度 $\bar{n}$ 占总电子数密度 n_{e} 的比例。

从图 4-3 可知，进入高阶模式以后，电子温度整体有较大提高，径向分布呈现明显中间高、边缘低的形态。在有限截面范围内，电子碰撞激发或电离截面与电子能量成正比。因此可认为，在中心轴处的高能电子数量较多，即中心区域体电子加热效率更高。

在高阶模式下，一般是 H 波对等离子体中心区域沉积能量较强，使中心区域的电子获得足够高的能量成为高能电子，从而和中性粒子碰撞，电离产生更多的电子，导致较强的中心密度峰；高能电子和中性粒子或离子基态碰撞，电离激发产生足够强的氩离子谱线，形成 Blue Core。而在低阶模式下，主要是 TG 波在等离子体边缘（靠近天线附近）区域沉积能量，这种能量的边缘沉积可能导致径向密度分布比高阶模式分布更为均匀。

4.2 轴向分布

4.2.1 天线近场区等离子体的分布

图 4-6 是在不同磁场方向下氩气螺旋波等离子体三个模式下用 LOES

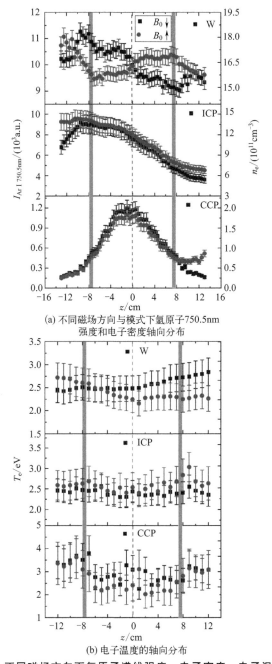

(a) 不同磁场方向与模式下氩原子750.5nm
强度和电子密度轴向分布

(b) 电子温度的轴向分布

图4-6 不同磁场方向下氩原子谱线强度、电子密度、电子温度分布

■表示磁场沿 z 轴正方向（$B_0\downarrow$），•表示磁场沿 z 轴负方向（$B_0\uparrow$）

虚线表示天线中心，阴影部分表示天线上下端位置；$p_0=0.3\mathrm{Pa}$，$B_0=500\mathrm{G}$

测量的原子谱线 750.5nm 强度、利用对标关系得到的电子密度以及谱线比值法得到的电子温度的轴向分布。实验条件与图 4-1 相同，光纤探头位于 $r=0$ 处。

可以看出，在 CCP 模式下，电子密度的轴向分布与轴向磁场方向无关，都呈现以天线为中心对称的 U 型分布。在 ICP 模式下，电子密度在不同的磁场方向上也显示出相似的分布，但上下游趋势并不完全一致。其中，上游接近进气口的位置（$z=-20$cm），气压较高，电离率更大，上游密度高于下游。在 W 模式下，等离子体沿管产生明显的轴向不均匀、不对称。当磁场沿 z 轴正方向时，波从天线中心传播到管的上游，导致上游密度大于下游；改变磁场方向时，密度分布也随之改变，即下游密度大于上游密度[100,101]。需要注意的是，无论磁场方向如何，天线上端以外的区域（$z<-8$cm）密度始终较高，这可能是靠近进气口位置的气压较高所致。

在不同模式下，天线区的电子温度沿轴向大致均匀分布，$T_e=2.8^{\pm 0.4}$eV，如图 4-6(b) 所示。在 CCP 和 ICP 模式下，电子温度不随着磁场方向的改变而变化。在 W 模式下，不同磁场方向的电子温度关于天线非对称分布。

图 4-7 给出 W1 和 W2 模式下电子密度和氩原子谱 750.5nm、离子谱 480.6nm 强度的轴向分布。实验条件与图 4-2(a) 一致。

可以看到，在两个波模式下，750.5nm 谱线强度显示，在靠近天线上游进气口的位置有一个小峰值，随后从上游到下游呈单调递减趋势。而 480.6nm 的强度则先增大，后减小，在螺旋波天线的下半部分（$z=4$cm）形成一个最大值。

W2 模式的电子密度分布总体上与 480.6nm 谱线的分布相似。从天线上端到下端，密度从 2.1×10^{12}cm^{-3} 增加到 4.8×10^{12}cm^{-3}，在 $z=4$cm 附近形成一个密度峰。而 W1 模式的天线区域内的等离子体密度分布几乎均匀，密度约为 2.3×10^{12}cm^{-3}。在 W1 模式下，相比下端，靠近天线上端的密度稍高，可能是较高的气压所致（靠近进气口 $z=-20$cm）。但在 W2 模式下，由于天线区域电离率［$x_i=n_e/(n_e+n_g)$ 约为 24%，其中 $n_e=4.8\times10^{12}$cm^{-3}，n_g 约为 1.5×10^{13}cm^{-3}（K_g 约为 1200K）］比 W1 模式［x_i 约为 9.4%，其中 $n_e=2.3\times10^{12}$cm^{-3}，n_g 约为 $2.2\times$

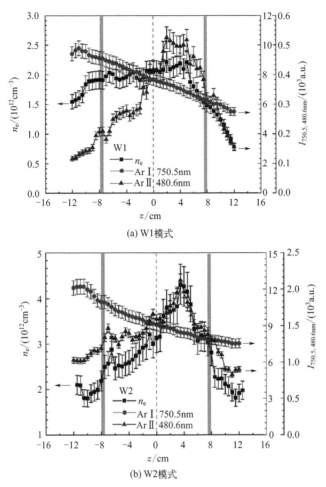

(a) W1模式

(b) W2模式

图 4-7　W1 和 W2 模式下电子密度和原子谱 750.5nm 以及
离子谱 480.6nm 的轴向分布

虚线表示天线中心，阴影部分对应天线上下端位置；$p_0 = 0.8\mathrm{Pa}$，$B_0 = 500\mathrm{G}$

$10^{13}\,\mathrm{cm}^{-3}$（$K_g$ 约为 800K）] 高，中性原子密度明显减少[9,154]。因此，
沿波传播方向在 $z = 4\mathrm{cm}$ 处密度达到最大值。

　　图 4-8 是在天线区域（z 为 $-3 \sim 3\mathrm{cm}$），不同磁场下（对应不同波
模式）加载 480nm 滤光片的轴向 CCD 图像，图像经过等离子体 Abel
逆变换将图像积分值转换成空间点位值[175]。实验条件与图 4-2（b）
一致。

　　可以看出，在 W1 模式下 [100G，图 4-8（a）]，径向分布显示中心区

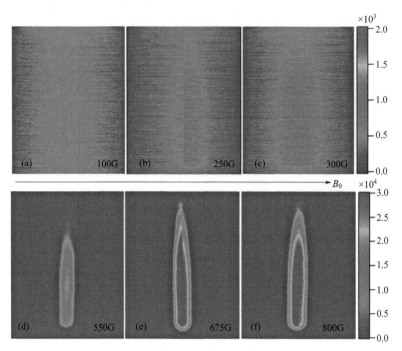

图 4-8　螺旋波氩气放电轴向横截面 CCD 图（1ms 曝光时间）

图像从（a）～（f），磁场分别为 100G（W1）、250G 和 300G（W2）、550G（W3）、

675G 和 800G（W4）；$p_0 = 0.8$Pa，$P_{RF} = 2000$W

域的光强高于边缘，轴向光强分布近似均匀。磁场为 250G 和 300G、放电进入 W2 模式时〔图 4-8(b) 和（c）〕，中心区域出现明显的 Blue Core，下游光强明显高于上游区域。在 W3 模式下〔550G，图 4-8(d)〕，光强相比 300G 整体增大了一个量级。进入 W4 模式后〔675G 和 800G，图 4-8(e) 和（f）〕，Blue Core 的中心强度急剧增大。

以上结果说明，等离子体的轴向分布受放电模式、磁场大小和方向的影响。磁场不仅对等离子体起到约束作用，还影响螺旋波激发和传播。研究表明，半螺旋天线可沿磁场对称地激发螺旋波，逆磁场对称地激发螺旋波[87,101,102]。也就是说，当磁场沿 z 轴负方向向上时，$m = +1$ 天线激发的螺旋波从天线中心区域传播到放电管的下游，反之亦然。因此，波在不同磁场方向下表现出的不同传播特性也可作为判断放电进入波模式的判据。此外，存在约束等离子体的阈值磁场（如 $P_{RF} = 2000$W 下为 $B_{0,cr} = $

250G），使等离子体电子密度增大，能够进入高阶模式，产生 Blue Core。

4.2.2 天线下游区等离子体的分布

图 4-9 给出等离子体电子密度、电子温度、原子谱 750.5nm 和离子

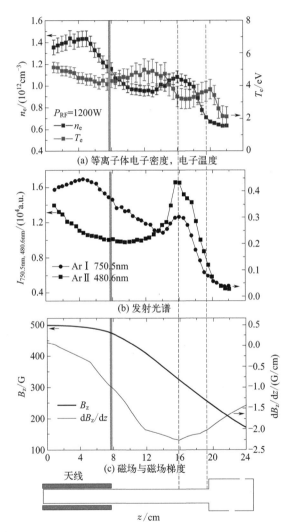

(a) 等离子体电子密度，电子温度

(b) 发射光谱

(c) 磁场与磁场梯度

图 4-9 等离子体电子密度、电子温度、发射光谱（Ar I 750.5nm、Ar II 480.6nm）和磁场与磁场梯度的轴向分布

阴影部分对应天线下端位置；深色和浅色虚线分别表示磁场梯度和几何膨胀的位置；

$p_0 = 0.3\text{Pa}$，$P_{RF} = 1200\text{W}$，$B_0 = 500\text{G}$

谱 480.6nm 强度的轴向分布。其中，气压和射频功率为 $p_0 = 0.3$Pa，$P_{RF} = 1200$W；天线区域磁场均匀，$B_0 = 500$G；磁场最大梯度位于 z 约为 16cm［图 4-9(c)］处，接近放电管径几何膨胀的位置。

可以看到，从源区到天线下游管口附近区域，等离子体密度沿轴向出现两个峰值，如图 4-9(a) 所示。第一个峰值在天线中心附近（z 约为 4cm），与图 4-1 的结果一致。第二个峰在远离天线下游区的磁场最大梯度附近（z 约为 16cm），即下游密度峰。密度在天线区域 z 约 4cm 处达到峰值，n_e 约为 1.45×10^{12} cm^{-3}，随后开始减小；在靠近磁场梯度最大值附近 z 约 12cm 处减小至最低，n_e 约为 9×10^{11} cm^{-3}；在梯度最大值 z 约为 16cm 附近达到第二个峰值，n_e 约为 1.1×10^{12} cm^{-3}，相比最低值大约升高了 22.3%，随后迅速减小，在几何膨胀位置附近达到最小值，n_e 约为 6.5×10^{11} cm^{-3}，相比第二个峰值降低了约 41%。

电子温度在天线下游区密度最小值附近（z 约为 12cm）达到最大值，T_e 约为 4.8eV；随后减小，在密度最大值附近（z 约为 16cm）降到最小值，T_e 约为 3.5eV，相比峰值 4.8eV 大约下降了 27%；随后上升，在 z 约 20cm 处达到峰值，T_e 约为 4.2eV，相比最小值 3.5eV 升高了约 21%。

原子谱 750.5nm 和离子谱 480.6nm 强度在天线下游 z 约为 16cm 附近都达到峰值，随后沿着 z 轴迅速减小最后趋于平稳，如图 4-9(b) 所示，谱线强度显示下游峰值的位置与密度峰值的位置一致。

图 4-10 是下游特征谱线强度峰（密度峰）随磁场和功率的变化。

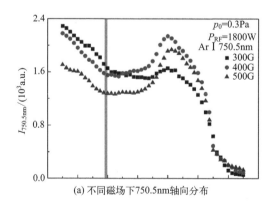

(a) 不同磁场下750.5nm轴向分布

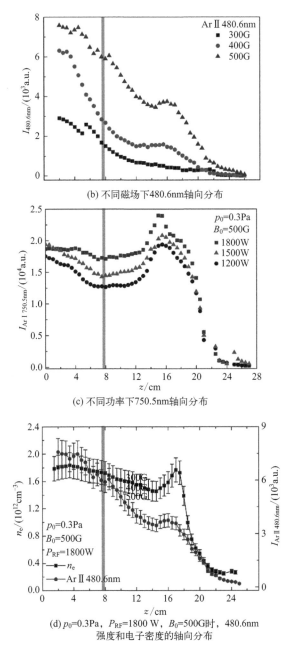

(b) 不同磁场下480.6nm轴向分布

(c) 不同功率下750.5nm轴向分布

(d) p_0=0.3Pa，P_{RF}=1800 W，B_0=500G时，480.6nm
强度和电子密度的轴向分布

图 4-10　下游特征谱线强度随磁场和功率的变化

阴影部分对应天线下端位置

在不同功率和磁场下，原子和离子谱强度的峰值均出现在 z 约为 16cm 附近。强度峰的位置随磁场和功率的变化保持不变，而峰值的大小随磁场和功率的增大而增大。在几何膨胀区域附近，谱线强度很快衰减，在 z 约为 20cm 附近趋于平稳。

在 $B_0 = 500G$，$P_{RF} = 1800W$ 时，离子谱强度与电子密度从源区到下游整体呈现下降趋势 [图 4-10(d)]，以下游密度峰（z 约为 16cm）为界，分成上下两个密度梯度区。

4.2.3　螺旋波的轴向传播

磁探针测量可得到等离子体电磁信号的轴向分布，进而了解等离子体在不同模式下螺旋波的传播特性。通常，磁探针测量的是空间中单点射频磁场的时间变化，因此可通过观察探头信号的幅值和相位随着探头位置的变化来诊断空间驻波和行波[34,48,77,105,176]。对于驻波，相位 φ 保持不变，直到探头通过半个固定波长，此时 φ 大约变化 180° 或 360°，而幅值 B_z 从最大值变为最小值。对于行波，φ 随着探头位置的变化而平滑变化，而 B_z 的变化通常依赖于波的阻尼，B_z 的大小可反映螺旋波的阻尼大小（或沉积能量）[34,77]。

图 4-11 是螺旋波等离子体 CCP（300W）和 ICP 模式（800W）时的电磁信号的轴向分布。实验条件与图 4-1 一致。

可以看出，在 CCP 模式下 [图 4-11(a)]，电磁波主要集中在射频天线区域，并在射频天线下端部分迅速衰减。波的幅值较低且仅局限于天线

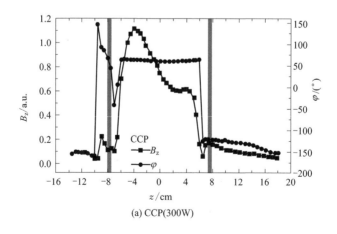

(a) CCP(300W)

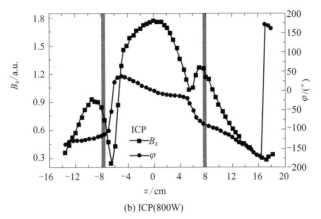

(b) ICP(800W)

图 4-11 CCP（300W）和 ICP（800W）模式下螺旋波等离子体电磁信号的轴向分布

B_z 为电磁信号幅值，φ 为相位；阴影部分代表天线上下端位置；$p_0 = 0.3\text{Pa}$，$B_0 = 500\text{G}$

区域，表明螺旋波并没有被有效地激发并参与电离机制；天线区域的相位值基本保持恒定，则说明天线区域的波以驻波形式存在。在 ICP 模式下 [图 4-11（b）]，电磁波主要集中在天线区域和靠近天线上端的进气口位置。波在天线上端附近以驻波形式存在，即相位值几乎保持恒定；在天线区域则以类似行波的形式存在，相位几乎线性减少；随后，波在天线下游迅速衰减。CCP 和 ICP 模式下电磁波的轴向分布表明，天线的近场耦合效应导致等离子体主要产生于天线区域。

螺旋波模式下电磁波分布的一个明显特征是，波可以脱离天线区域向天线下游传播，如图 4-12 所示。实验条件与图 4-2（a）相同。

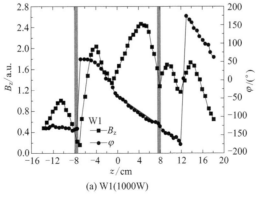

(a) W1(1000W)

图 4-12

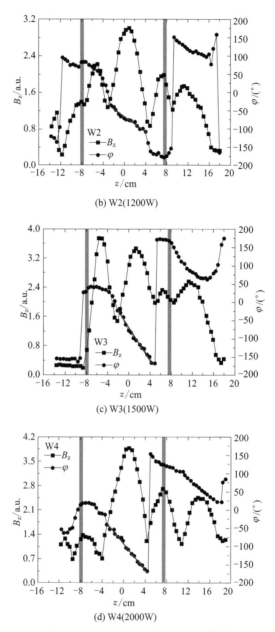

(b) W2(1200W)

(c) W3(1500W)

(d) W4(2000W)

图 4-12 W1～W4（1000、1200、1500 和 2000W）模式下螺旋波等离子体

电磁信号的轴向分布

阴影部分代表天线上下端位置；$p_0=0.8\text{Pa}$，$B_0=500\text{G}$

通过轴向各位置电磁信号的相位差（以电流为参考信号）可以看到，在射频天线的上端附近、天线区域和天线下端附近，波的相位恒定不变或以不同斜率线性分布，表明三个区域既有驻波又有行波传输。驻波通常出现在天线上游，即靠近天线上端的位置。从天线中心到天线下游，螺旋波主要以行波的形式进行传播和能量耗散。不同波模式波传输特性的差别可能是引起等离子体空间分布差异的一个主要原因。

对于行波状态的螺旋波，波长 λ_z 可以通过相位差在空间位置上的变化率 $\mathrm{d}\varphi/\mathrm{d}z$ 得到 $[\lambda_z = 360/(\mathrm{d}\varphi/\mathrm{d}z)]$，螺旋波的相速度 v_p 可通过将波长 λ_z 乘以射频频率 f 计算得到 $[v_\mathrm{p} = \lambda_z f = 360 f/(\mathrm{d}\varphi/\mathrm{d}z)]$。

通过对天线中心区域波相位分布曲线进行线性拟合，发现 W1 和 W2 模式下波的轴向波长 $\lambda_z \approx 31.2\mathrm{cm}$，近似等于天线长度 d_A 的 2 倍（$d_\mathrm{A} = 15.5\mathrm{cm}$），轴向波数 $k_z = 2\pi/\lambda_z \approx 0.2\mathrm{cm}^{-1}$；对应波的相速度为 $v_\mathrm{p} \approx 4.2 \times 10^8 \mathrm{cm/s}$，接近于 Ar 电离的共振条件，即将电子加速到最有效电离所需波的相速度约为 $3 \times 10^8 \mathrm{cm/s}$[34,77]。在这种情况下，天线和螺旋波之间的耦合最强，因此，天线会将更多的能量输送给螺旋波，波在等离子体中进行能量沉积。对于天线中心区域的波结构，W2 模式中的波幅值 B_z 相比 W1 较大，表明 W2 模式中的波具有较强的阻尼[34,176]，即波在等离子体中的能量沉积较高。W2 与 W1 模式中的波具有相同的轴向波数，由螺旋波色散关系可知，密度不同导致这两个模式必定具有不同的径向波数[33,34]。

在高阶模式 W3 和 W4 下，通过对天线中心区域波的相位拟合计算发现，轴向波长 $\lambda_z \approx 16.5\mathrm{cm} \approx d_\mathrm{A}$，轴向波数 $k_z \approx 0.38\mathrm{cm}^{-1}$，对应天线区域的轴向相速度 $v_\mathrm{p} \approx 2.2 \times 10^8 \mathrm{cm/s}$，同样也接近于 Ar 有效电离的共振条件。高阶模式相比低阶模式，在天线区域的波具有更大的幅值，表明高阶模式的螺旋波具有更大的阻尼。

此外，螺旋波在等离子体中沿着轴向传播时，波长和相速度都发生了变化。在 W1 模式下，天线区域、天线下端附近和远离天线下游三个区域的波长 λ_z 分别约为 $31.2\mathrm{cm}$、$28.8\mathrm{cm}$ 和 $15.6\mathrm{cm}$，对应相速度 v_p 约为 $4.2 \times 10^8 \mathrm{cm/s}$、$3.9 \times 10^8 \mathrm{cm/s}$ 和 $2.1 \times 10^8 \mathrm{cm/s}$，表明等离子体的介电常数沿波传播方向发生了变化，而介电常数的变化说明等离子体密度或温度的变化，即存在等离子体传输梯度。因此，可认为螺旋波在等离子体中传播时，除了能量有所衰减外，还会因为其介电常数变化而发生传输特性的变化。

4.2.4　双层结构

我们进一步测量轴向电势分布。图 4-13 是通过静电悬浮探针测量得到的等离子体电势 V_p 的变化。实验条件与图 4-9 一致。

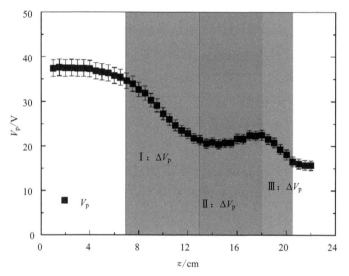

图 4-13　等离子体电势的轴向变化

$p_0 = 0.3\text{Pa}$，$P_{RF} = 1200\text{W}$，$B_0 = 500\text{G}$

可以看到，在天线源区 z 约为 4cm 附近，等离子体电势基本维持在大约 35V 不变，在 z 为 7～13cm 区域电势逐渐降低至 20.5V 左右后基本恒定，形成电势梯度 I；随后电势略有增长，在 z 约为 18cm 附近再次出现小峰值 22.5V，形成一个反向弱电势梯度 II。电势从 z 约为 18cm 开始继续下降，在 z 约为 21cm 附近趋于稳定，在此期间形成一个电势梯度 III。其中，电势梯度区 I 和梯度区 III 通常被认为是"双层"结构[109-124]，即通常出现在磁场梯度最大的区域和几何膨胀区附近。磁场梯度和几何膨胀可以引起等离子体密度梯度，导致轴向电场形成，进而引发双层现象[118,120,122-124]。我们引入双层强度，定义为

$e\Delta V_{\mathrm{p}}/T_{\mathrm{e}}$，它可以表征双层的大小，则梯度 I 和 III 的双层强度分别为 2.8 和 2.1。

图 4-14 是不同磁场的轴向等离子体电势分布。实验条件与图 4-10 一致。

可以看到，在不同磁场强度下，在 z 为 7～21cm 轴向范围内都存在明显的两个电势梯度（双层），被中间均匀电势（或弱电势差）所隔开。磁场越高，电势梯度越大。在典型电子和离子温度 T_{e} 约为 2.5eV 和 T_{i} 约为 0.2eV 下，上述三个磁场下对应电子拉莫尔半径分别为 $r_{\mathrm{e}}=$ 0.018cm、0.013cm 和 0.011cm，远小于放电管径 $r_{\mathrm{0}}=3$cm；而离子拉莫尔半径分别为 $r_{\mathrm{i}}=1$cm、0.73cm 和 0.54cm，近似与 r_{0} 同量级。因此，电子被高度磁化，而离子弱磁化。在这种情况下，电子和离子的径向损耗小得多，而轴向几何膨胀位置为开源端，这是形成双层和产生离子束的有利条件[109-124]。

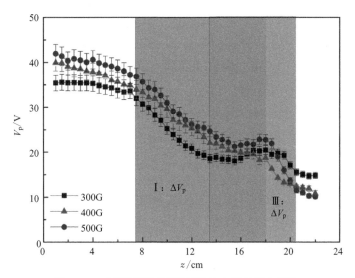

图 4-14　在不同磁场下等离子体电势的轴向变化

$P_{\mathrm{RF}}=1800$W，$B_{\mathrm{0}}=300$G、400G 和 500G

通过以上结果发现，密度梯度存在的区域对应出现电势梯度（或双层）。天线下游密度峰以及电势梯度都出现在磁场最大梯度和几何膨胀区附近，亦即在这种情况下，认为磁场梯度和几何膨胀是下游螺旋波等离子体轴向电势变化和密度峰值形成的重要因素。

4.3 讨论与分析

4.3.1 天线近场区等离子体空间分布的分析

如前面所述，螺旋波等离子体在不同放电模式下具有不同的空间分布，其电子密度和温度分布与能量沉积（加热机制）相关。通常，在波耦合模式下，等离子体的空间分布并不均匀[8-10,93-96]；中心高、边缘低的径向密度分布以及密度相对天线明显不对称的轴向分布是波耦合模式下的显著特点。在不同的波模式下，等离子体的径向和轴向分布存在差异，表示不同的能量沉积。

在低阶模式下，等离子体中心区域的径向密度分布相对均匀且径向梯度较小，电子温度和离子谱的径向分布同样较均匀且峰值较低［如图 4-2、图 4-3、图 4-6 和图 4-7(a)］。这一结果反映了低阶模式下的能量吸收分布情况，与均匀等离子体中的能量吸收[69,71,141,143] 类似，即等离子体中螺旋波（H 波）与 TG 波共存。TG 波主导能量吸收，即几乎大部分的能量被等离子体边缘吸收，引起表面加热；而 H 波在离天线和等离子体边缘较远的区域（如放电管中心）沉积少量能量，引起体加热。

在高阶模式下，等离子体中心区域的中心峰值密度明显增强且梯度沿径向较大，电子温度和离子谱的径向分布在等离子体中心也达到峰值，且峰值较高。同样，这一结果反映了高阶模式下的能量吸收分布情况，与非均匀等离子体中的能量沉积一致[141,143]，即在非均匀等离子体径向密度剖面中，除边缘电子加热外还存在大量的体电子加热，且体电子加热的份额随着不均匀程度（径向梯度）的增加而增加。因此，可认为高阶模式下中心轴线附近的高密度等离子体主要由 H 波加热引起，TG 波被局域在边缘附近沉积少量能量，引起边缘加热。当径向密度梯度足够大时，边缘TG 波将会被抑制，此时几乎全部能量被纯 H 波吸收，引起中心区域较强的能量沉积[135-137,143]。

对比不同波模式下等离子体的截面图像分布发现，在高阶模式下，等

离子体中存在 Blue Core（如图 4-5 和图 4-8），表明 H 波对等离子体中心区域的加热是导致 Blue Core 形成的主要原因[88]。对比不同波模式下天线中心区域的螺旋波幅值可发现，在高阶模式下，波的幅值 $|B_z|$ 较大[如图 4-12(b)～(d)]，反映了 H 波具有较大的阻尼[34,77]，即 H 波的能量沉积较强。在波模式下，从天线上游到下游，密度梯度存在于不同的区域，且等离子体中波的轴向波长逐渐减小，以离散的方式近似随天线长度发生变化，预示等离子体中可能激发了多个轴向谐波[33,133]。

4.3.2　天线下游区的密度峰和双层结构

如 4.2.2 节和 4.2.4 节所描述的结果，在具有几何膨胀和磁膨胀的线性螺旋波装置中，观察到天线下游螺旋波等离子体中存在密度峰值和明显的电势梯度（双层结构），其密度峰值和双层都出现在磁场梯度最大值以及几何膨胀区附近。

通常，几何膨胀和发散磁场将引起等离子体膨胀，而膨胀的等离子体会导致等离子体密度梯度的存在[111-124]。其原因可用局域气压平衡来解释。

在源区电离产生的高密度等离子体，沿着磁力线向下游扩散。在磁场梯度最大值附近，考虑较小轴向范围 Δz 内的局域径向气压平衡[9,94] $p_{total}=p_e+p_i+p_n+B^2/2\mu_0$（式中 p_{total}、p_e、p_i、p_n 和 $B^2/2\mu_0$ 分别为总气压、电子气压、离子气压、中性气压和磁压）。选取不同轴向位置处（$z=z_1$、z_2，其中 z_2 为磁场梯度最大的位置）的径向截面，从 $z=z_1$ 到 $z=z_2$，假设总压 p_{toal} 和 p_n 不变，在 $z=z_2$ 时，磁场的突变导致最后一项磁压突然减小（$B^2/2\mu_0$ 约为 40Pa），p_i 和 p_e 必定产生突变来平衡磁压，其中 $p_{e,i}=n_{e,i}kT_{e,i}$，由于 $T_e \gg T_i$，离子气压（$p_i=n_ikT_i$ 约为 0.05Pa）相对电子气压（$p_e=n_ekT_e$，约为 1Pa）可忽略，那么在接近磁场梯度最大的位置，电子密度的下降趋势变缓（或趋于平稳），从而形成明显的密度梯度。同理，在接近几何膨胀的位置，假设磁压不变，那么电子气压 p_e 和中性气压 p_n 都将发生突变，从而形成新的密度梯度。

事实上，等离子体密度梯度的存在一般都会伴随着等离子体电势的急剧下降，从而引发双层[104-123]。磁扩散和几何膨胀都可以产生一个膨胀等离子体，而在膨胀的等离子体中，电子一般处于玻尔兹曼平衡状态，因此，密度梯度对应于等离子体电势梯度（或双层）[109-114]。

此外，下游密度峰总是出现在磁场梯度最大值附近（即双层的下游）。为研究下游密度峰与双层的相关性以及密度峰的形成原因，图 4-15 给出不同粒子群在双层区域运动形态的示意图。

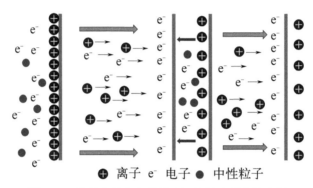

⊕ 离子　e⁻ 电子　● 中性粒子

图 4-15　粒子在轴向电势梯度下的运动形态示意图

在靠近第一个双层上游，源区波对电子的有效加热导致电子获得足够能量，中性粒子碰撞电离产生大量的等离子体，在上游区域形成密度峰；上游的离子被电场加速向下游运动，源区的高能电子被电场减速可以克服势垒，在双层下游区域速度减到最小，因此在下游附近短暂积累，引起下游电子温度较高；下游的电子很快通过与中性粒子的非弹性碰撞使得温度降低，密度升高形成新的密度峰，即为第二个双层的上游；同样，在第二个双层区域，上游离子被加速向下游运动，少量高能电子被电场减速，在双层下游速度减到最小，对应电子温度略高，随后在扩散区电子温度逐渐减小，且能量不足以碰撞电离产生新的密度峰。

此外，在两个双层区域的弱电势区，电子温度降低的百分比几乎等于密度增加的百分比［如图 4-9(a)]。在这种情况下，Chen 等人[100] 提出的压力平衡方程，即 $-en_eE_z - \partial(n_ekT_e)/\partial z = 0$，可忽略电场项（$E_z$ 约为 0），以密度（或温度）的等效增量（或减量）保持压力平衡，下游密度峰可用气压平衡来解释[100,105]，且磁场和功率越大，对应源区的高能电子越多，即双层下游电子温度越高，则气压平衡会导致较大的下游密度峰（图 4-10）。但当轴向电势差存在时，最终压力平衡方程中的电场项变得显著（如存在双层Ⅰ和Ⅲ），导致 $\delta n_e/n_e$ 和 $\delta T_e/T_e$ 独立变化。在存在电势梯度的情况下，观测到的密度增量（或减量）百分比小于电子温度降低（或增加）百分比。T_e 的下降速率和 n_e 上升速率之间的线性关系因等离子体电势的存在而被打破。

综上，等离子体中存在密度梯度是形成双层的必要条件；同时，双层下游高能电子群的积累导致电子温度升高，局域气压平衡引起较远处的下游密度峰。

第 **5** 章

氩气螺旋波等离子体的本征波模及其加热机制

前面通过实验研究了氩气螺旋波等离子体的模式转换以及波耦合模式下径向 Blue Core、轴向密度峰和双层结构等空间分布特性。本章通过求解简化模型中 H 波和 TG 波的色散关系，预测发生模式转换以及密度跳变的条件，与实验结果进行对比，并通过 HELIC 螺旋波模拟软件计算氩气等离子体中的能量沉积，分析讨论不同波模式的加热机制。

5.1　螺旋波和 TG 波的色散关系及传播条件

螺旋波是一种频率处于 $\omega_{ci} \ll \omega \leqslant \omega_{ce} \ll \omega_p$ 区域内的边界哨声波，其中 ω 是波的频率，ω_{ci} 和 ω_{ce} 分别是电子和离子回旋频率，$\omega_p = \sqrt{n_e e^2 / \varepsilon_0 m_e}$ 是等离子体频率。假设在磁场 $\vec{B} = B_0 \hat{z}$ 方向上，波的形式为 $\exp[i(m\theta + k_z z - \omega t)]$。通过考虑电子碰撞，等离子体中波的色散关系为：

$$\frac{k^2 c^2}{\omega^2} = \frac{\omega_p^2}{\omega(\omega_{ce} \cos\theta - \omega\gamma)} \tag{5.1}$$

式中，θ 是波相对于磁场 B_0 的传播角度；k 是总波数，包括轴向和径向波数 k_z 和 k_r，$k^2 = k_r^2 + k_z^2$ 并且 $k_z = k\cos\theta$；$\gamma = 1 + i(\nu/\omega)$，其中 ν 是电子与中性粒子和离子碰撞的总频率。

对于确定的轴向波数 k_z，化简式（5.1）可知，色散关系中存在两个 k，分别代表螺旋波（H 波）和 TG 波。两波的总波数 k 和径向波数 k_r 分别为[71]：

$$k_{H-,TG+} = k_z \frac{1 \pm \sqrt{1 - 4\gamma\alpha}}{2\gamma\alpha\beta} \tag{5.2}$$

$$k_{rH-,TG+}^2 = k_z^2 \frac{1}{2\gamma^2 \alpha^2 \beta^2}(1 - 2\gamma\alpha - 2\gamma^2 \alpha^2 \beta^2 \pm \sqrt{1 - 4\gamma\alpha}) \tag{5.3}$$

式中，"−" 表示 H 波，"+" 表示 TG 波。α 和 β 被定义为：

$$\begin{cases} \alpha = \frac{\omega_p^2}{\omega_{ce}^2} \times \frac{\omega^2}{k_z^2 c^2} & (5.4a) \\ \\ \beta = \frac{\omega_{ce}}{\omega_p^2} \times \frac{k_z^2 c^2}{\omega} & (5.4b) \end{cases}$$

以上为均匀磁化等离子体的一般冷等离子体色散关系。只有当电子热运动的影响可以忽略以及 Wentzel-Kramers-Brillouin（WKB）[133,134] 近似有效时，式（5.1）～式（5.4）才适用于分析径向密度分布不均匀的螺旋波等离子体中的波传播特性[133]。

对于忽略电子热运动而言，电子拉莫尔半径 r_{ce} 应该远小于螺旋波径向波长 λ_r，即 $r_{ce} \ll \lambda_r$（或 $k_r r_{ce} \ll 1$）。在本研究系统中，电子拉莫尔半径为 $r_{ce} = m_e \upsilon_{ce}/(q_e B_0)$，约为 0.01cm（$B_0 = 500$G）。式中，$\upsilon_{ce}$ 是电子平均回旋速度。由式（5.3）可知，螺旋波的径向波数为 $k_r \approx 0.86$cm^{-1}（$k_z = 0.2$cm^{-1}，$B_0 = 500$G，$n_e = 2.5 \times 10^{12}$cm^{-3}），则满足 $k_r r_{ce} \ll 1$。

对于 WKB 近似，需满足螺旋波波数的梯度比局部波数的平方小得多的条件，即 $\partial k/\partial z \ll k^2$（或 $\partial k_z/\partial z \ll k_z^2$）。通常，WKB 近似适用于模拟高密度等离子体的一维波传播，即使在 n_e 和 B_0 都具有强轴向梯度的情况下，只要 $\partial k_z/\partial z$ 很小即可。在实验系统中，$\partial k_z/\partial z$ 约 $0.004 \ll k_z^2$ 约 0.04（$k_z = 0.2$cm^{-1}）［如图 4-12(a)］。

因此，在本实验系统中，一般冷等离子体色散关系［式（5.1）］适用于分析 H 波和 TG 波的传播特性，等同于非均匀等离子体中的简化模型[137]。

5.1.1 无碰撞等离子体

对于无碰撞情形 $\nu = 0$（或 $\gamma = 1$），式（5.3）可表示为：

$$k_{rH-,TG+}^2 = k_z^2 \frac{1}{2\alpha^2 \beta^2}(1 - 2\alpha - 2\alpha^2 \beta^2 \pm \sqrt{1 - 4\alpha}) \tag{5.5}$$

当 $\omega/\omega_{ce} < 0.5$ 时，式（5.5）有两个明确的分支，如图 5-1(a)。上支为较大径向波数 $k_{r,TG}$ 的 TG 波，下支为较小径向波数 $k_{r,H}$ 的 H 波。

对于 $\omega/\omega_{ce} > 0.5$，H 波被抑制，色散关系受电子惯性控制。此时，波为电子回旋波[137]，即只有 TG 波可传播，如图 5-1(a) 所示（$B_0 = 9.7$G，$\omega/\omega_{ce} = 0.5$）。在高 k_r 情况下，k_r 和 k_z 成正比，表明 TG 波沿相速度共振锥传播。虚线和横轴之间的夹角 $\phi = \arccos(\omega/\omega_{ce})$ 表示 TG 波相速度共振锥角。在有界等离子体中，构成 TG 波本征模的波数由高 k_r 极限中的锥角决定。当 $\theta = \phi$ 时，式（5.1）分母消失，TG 波分支的垂直波数变为无穷大，$k_{r,TG} \to \infty$，相速度 $\upsilon_p = 0$，发生共振。超过这个角度，哨声波消失，不能传播。因此，波矢量被限制在 $\theta < \phi$ 的锥角内。

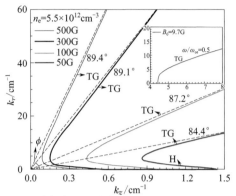

(a) $k_r \sim k_z$ 空间中不同磁场 (B_0=50G、100G、300G和500G)
的H波(下支)和TG波(上支)的色散关系

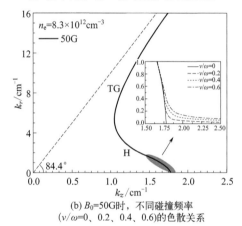

(b) B_0=50G时,不同碰撞频率
(ν/ω=0、0.2、0.4、0.6)的色散关系

图 5-1 不同磁场频率下波色散关系

比较两波的色散关系可以看出,H 波存在于低 k_r 的情形下,且波矢方向与磁场方向几乎平行。因此,两个具有相同频率的波可以在有界等离子体中传播:波矢接近磁场方向的电磁波模式,即 H 波;波矢接近共振锥的静电模式,即 TG 波。当固定 k_z 时,TG 波的波数(k 或 k_r)随磁场增大而增大,因此导致波长逐渐减小,例如,当 $k_z = 0.4\mathrm{cm}^{-1}$、$n_e = 5.5 \times 10^{12}\mathrm{cm}^{-3}$ 和 $B_0 = 500\mathrm{G}$ 时,TG 的波数为 $k_{\mathrm{TG}} \approx k_{r,\mathrm{TG}} = 40\mathrm{cm}^{-1}$,即 $\lambda_{r,\mathrm{TG}} = 0.16\mathrm{cm}$,波沿着共振锥的方向($\phi = 89.4°$)传播;而 H 波的波数较小,$k_\mathrm{H} \approx k_{z,\mathrm{H}} = 0.32\mathrm{cm}^{-1}$,$\lambda_\mathrm{H} = 19.6\mathrm{cm}$,波几乎沿着磁场轴向($\theta \approx 0°$)传播。

考虑在无碰撞条件下两个波的传播范围,需满足式(5.3)的平方根中的表达式必须为正,即 $\alpha < 1/4$。

对于 H 波，需满足 $k_{r_-}^2 > 0$，其中 $\alpha\beta = \omega/\omega_{ce} \ll 1$（$B_0 \gg 5\mathrm{G}$），即 $1 - \beta^2 + 2\beta(\omega/\omega_{ce}) + \beta^2(\omega/\omega_{ce})^2 > 0$，则 H 波的传播条件为 $\alpha < 1/4$（或 $4\alpha < 1$）和 $\beta < 1$。

对于 TG 波，传播条件更宽泛。当 $k_{r_+}^2 > 0$ 时，仅需要满足 $4\alpha < 1$ 即可（例如 Shamrai[71] 和 Du[137] 等人的结果）。对于固定的 ω 和 k_z（实验中 $\omega = 2\pi f = 8.5 \times 10^7\,\mathrm{s}^{-1}$，$k_z = 0.2\mathrm{cm}^{-1}$），等离子体密度和磁场 n_e-B_0 平面中 H 波和 TG 波传播的范围，如图 5-2（a）所示。当 $\alpha < 1/4$ 和 $\beta < 1$ 时（两条实线包围的中间区域），H 波和 TG 波都可以传播；当 $\beta > 1$

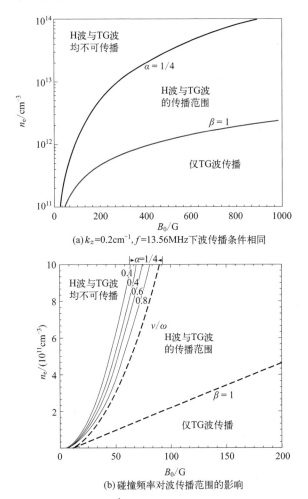

(a) $k_z = 0.2\mathrm{cm}^{-1}$, $f = 13.56\mathrm{MHz}$ 下波传播条件相同

(b) 碰撞频率对波传播范围的影响

图 5-2 轴向波数 $k_z = 0.2\mathrm{cm}^{-1}$ 和射频驱动频率 $f = 13.56\mathrm{MHz}$ 下的波传播条件相图及碰撞频率（$\nu/\omega = 0.1$、0.4、0.6、0.8）对波传播范围的影响

时（下方实线以下的区域），仅 TG 波可传播；当 $\alpha > 1/4$ 时（上方实线以上的区域），H 波和 TG 波都不可传播。

5.1.2 碰撞等离子体

在低气压等密度的等离子体中，电子-中性粒子之间的碰撞频率 ν_m 较低。例如，在本实验中 $p_0 = 0.3\text{Pa}$ 时，中性气体密度 n_g 约 $2.3 \times 10^{13}\text{cm}^{-3}$，等离子体电子密度 n_e 约 $10^{11} \sim 10^{12}\text{cm}^{-3}$，碰撞频率 ν_m 约 $2.7 \times 10^6 \text{s}^{-1}$。对于电子的有效欧姆加热并不重要。但在螺旋波放电中，由于等离子体密度很高，电子-离子碰撞 $\nu_{e\text{-}i}$ 显著增加，此时碰撞阻尼将变得重要。在这种情况下，波数是复数，即 $k = k_{\text{Re}} + i\kappa_{\text{Im}}$，其实部对应 H 波和 TG 波的传播，虚部对应 H 波和 TG 波的衰减或耗散。

当 $\nu \ll \omega$ 时，由式（5.3）可知，H 波和 TG 波的径向实波数（$k_{r,\text{H}}$、$k_{r,\text{TG}}$）、阻尼率（$\kappa_{r,\text{H}}$、$\kappa_{r,\text{TG}}$）以及阻尼深度（$\delta_{r,\text{H}}$、$\delta_{r,\text{TG}}$）分别为：

$$\begin{cases} k_{r,\text{H}} = k_z/\beta \\ k_{r,\text{TG}} = \dfrac{k_z}{\alpha\beta} = k_z \dfrac{\omega_{\text{ce}}}{\omega} \end{cases} \tag{5.6}$$

和

$$\begin{cases} \kappa_{r,\text{H}} = \dfrac{1}{\delta_{r,\text{H}}} = k_z \dfrac{\nu}{\omega} \times \dfrac{\alpha}{\beta} \\ \kappa_{r,\text{TG}} = \dfrac{1}{\delta_{r,\text{TG}}} = -\dfrac{k_z}{\omega} \times \dfrac{1}{\alpha\beta} = -k_z \dfrac{\nu\omega_{\text{ce}}}{\omega^2} \end{cases} \tag{5.7}$$

对于两个波的色散关系（如图 5-1 所示），通常碰撞并不影响波的传播。图 5-1(b) 是当磁场 $B_0 = 50\text{G}$ 时，两波的色散关系从无碰撞（$\nu/\omega = 0$）到有碰撞（$\nu/\omega = 0.6$）的变化。

可以看出，碰撞对波的色散关系几乎无影响。只有当 $k_z \gg k_r$（$k_z > 1.5\text{cm}^{-1}$）时，H 波分支受碰撞很微弱的影响，稍微出现偏移。在高磁场 $B_0 > 200\text{G}$ 时，通常 $k_z < 1\text{cm}^{-1}$，这种影响可忽略。

相比之下，碰撞对两波的传播范围有一定影响，特别是在低磁场情况下，如图 5-2(b) 所示。对于 $\gamma \neq 1$，波的传播区域被修正。H 波和 TG 波传播的上限 $\alpha = 1/4$ 被碰撞所影响。例如，对 $B_0 = 0 \sim 200\text{G}$，存在碰撞时，H 波和 TG 波的传播区域相比无碰撞变大，但随着碰撞频率增大，区域逐渐减小。对于任意磁场，碰撞对 H 波传播范围的下限 $\beta=1$ 几乎无影响。

事实上，碰撞对波的阻尼影响较大。在高密度强磁场放电中，强阻尼 TG 波在等离子体表面附近通过碰撞更容易被吸收，引起表面等离子体加热或产生；而弱阻尼 H 波可穿透中心区域被吸收，并驱动轴向等离子体加热或产生。在密度梯度存在的情况下，TG 波在等离子体边缘可通过非共振模式转换，与 H 波相互作用，TG 波的能量传递给弱阻尼的 H 波，使 H 波被激励，并进入等离子体轴线区域进行能量传递[127]。

5.1.3 纯螺旋波近似

当波的传播角远小于 TG 波相速度共振锥角时（$\theta \ll \phi$ 或 $\cos\theta \gg \omega/\omega_{ce}$），电子惯性可以被忽略，波变成了纯 H 波（$k^2 \ll \omega_p^2/c^2$，长波），包括碰撞项的色散关系式(5.1) 可简化为：

$$k = \frac{\omega\omega_p^2}{\omega_{ce}c^2 k_z} + \mathrm{i}\, \frac{\omega\omega_p^2 \nu}{\omega_{ce}^2 c^2 k_z \cos\theta} \tag{5.8}$$

其波数和阻尼率分别为：

$$\begin{cases} k_H = \dfrac{\omega\omega_p^2}{\omega_{ce}c^2 k_z} & (5.9a) \\[3mm] \kappa_H = \dfrac{\omega\omega_p^2 \nu}{\omega_{ce}^2 c^2 k_z \cos\theta} & (5.9b) \end{cases}$$

通常，当 $\cos\theta \gg \dfrac{\omega}{\omega_{ce}}$ 时，在很多情况下纯 H 波近似是有效的。

但 $\cos\theta \approx \dfrac{\omega}{\omega_{ce}}$ 时，电子惯性变得重要，哨声波变成静电波，此时纯 H 波的近似是不合适的。

在足够强的磁场下（例如 $B_0 > 200\mathrm{G}$），$\omega \ll \omega_{ce}$，H 波则近似沿磁场方向传播，H 波的轴向吸收长度为 $\dfrac{1}{\kappa_H}$。当 $n_e = 1 \times 10^{13}\mathrm{cm}^{-3}$，$\dfrac{\omega}{\omega_{ce}} \approx \dfrac{1}{100}$（$B_0 = 500\mathrm{G}$），$\dfrac{\nu}{\omega} = 1$，$k_z = 0.2\mathrm{cm}^{-1}$ 时，由公式(5.9b) 可知 $1/\kappa_H$ 约为 30cm。表明在以上条件下，螺旋波将在距离天线位置大约 30cm 范围内被碰撞吸收。

此外，H 波实部的平方远远大于虚部 $k_H^2 \gg \kappa_H^2$，H 波的色散关系式(5.8) 可简化为：

$$k = \frac{\omega}{k_z} \times \frac{\omega_p^2}{\omega_{ce} c^2} = \frac{\omega}{k_z} \times \frac{n_e e \mu_0}{B_0} \tag{5.10}$$

这也是常用的螺旋波在零电子质量极限下的色散关系[60-66]。波数（k 或 k_z）会在不同的模式下发生变化，因此，密度 n_e 会随着磁场 B_0 以不同的比例系数线性增加。

5.2　螺旋波的本征模

5.2.1　本征径向模

在无界系统中，波矢量可以按照连续模式的方式变化。然而，在有界系统中，波数分量（k_z 或 k_r）不能连续变化，而是由边界条件确定分离的特征值[60-62,71-79]。

螺旋波磁场的三个分量满足下列方程：

$$B_z'' + \frac{1}{r} B_z' + \left(k_r^2 - \frac{m^2}{r^2} \right) B_z = 0 \tag{5.11}$$

$$k B_r = \frac{\mathrm{i} m}{r} B_z - \mathrm{i} k_z B_\theta \tag{5.12}$$

$$k B_\theta = \mathrm{i} k_z B_r - B_z' \tag{5.13}$$

当忽略位移电流时，$\vec{j}$ 平行于 $\vec{B}$：

$$\vec{j} = (k/\mu_0) \vec{B} \tag{5.14}$$

式(5.11) 中的轴向分量 B_z 为整数阶贝塞尔函数 $J_m(k_r r)$，或：

$$B_z = A J_m(k_r r) \tag{5.15a}$$

其中 A 为振幅，另外两个分量 B_r 和 B_θ 为：

$$B_r = \frac{2A}{k_r} \left(\frac{m}{r} k J_m - k_z J_m' \right) \tag{5.15b}$$

$$B_\theta = \frac{-2\mathrm{i}A}{k_r} \left(\frac{m}{r} k_z J_m + k J_m' \right) \tag{5.15c}$$

对应地，电场分量为：

$$\begin{cases} E_r = (\omega/k)B_\theta & (5.16a) \\ E_\theta = -(\omega/k)B_r & (5.16b) \\ E_z = 0 & (5.16c) \end{cases}$$

对于绝缘体边界，需满足 $j_r = 0 [r = r_0，见式(5.14)]$，即 $B_r = 0$。对于导体边界，需满足 $E_\theta = 0$ [见式(5.16b)]，则 $B_r = 0$。因此，对于绝缘体和导体边界，均满足 $B_r = 0$，即：

$$mkJ_m(k_r r_0) + k_z r_0 J_m'(k_r r_0) = 0 \quad (5.17)$$

特别地，从边界条件得到了两种最低方位角模式（$m = 0$，1）的 k_r 解：

$$\begin{cases} k_z r_0 J_0'(k_r r_0) = k_z k_r r_0 J_1(k_r r_0) = 0, \quad m = 0 & (5.18a) \\ J_1(k_r r_0) = -(k_z k_r r_0/2k) \times (J_2 - J_0) \simeq 0, \quad m = +1 & (5.18b) \end{cases}$$

即对于 $m = 0$，1 两种模式，径向波数 k_r 可由相同的条件给出，即 $J_1(k_r r_0) \simeq 0$。式(5.18b)适用于长细管，其中 $k \simeq k_r$ 和 $k_z r_0 \ll 1$。因此，在这种情况下，径向波数 k_r 具有一系列分离的特征值，如 $3.83/r_0$、$7.02/r_0$、$10.17/r_0$…

对于给定的 n_e、B_0 和管径 r_0，$m = 1$ 模式的边界色散关系可由式(5.17)得到：

$$k = \frac{-k_z r_0 J_1'(k_r r_0)}{J_1(k_r r_0)} = \frac{J_2 - J_0}{J_2 + J_0} k_z = J_{1''}(k_r r_0) k_z \quad (5.19)$$

理论上只需满足 $k \geqslant k_z$，即 $J_{1''}(k_r r_0) \geqslant 1$，如图5-3所示。可以看出，$k_r r_0$ 可取 $[2.41, 3.83)$、$[5.52, 7.02)$ 和 $[8.66, 10.17)$ 等区间内任意值。当 $k \approx k_z \gg k_r$ 时，$k_r r_0 = 2.41$、5.52、8.66…；当 $k \approx k_r \gg k_z$ 时，$k_r r_0 = 3.83$、7.02、10.17…，同时 k（或 k_r）会发生跳变。

将式(5.19)代入色散关系式(5.10)中，则有：

$$\frac{n_e}{B_0} = J_{1''}(k_r r_0) \frac{k_z^2}{\omega \mu_0 e} \quad (5.20)$$

可以看到，$\frac{n_e}{B_0} \propto J_{1''}(k_r r_0) k_z^2$，即 $\frac{n_e}{B_0} = 6 \times 10^{10} J_{1''}(k_r r_0) k_z^2$。本实验中，$f = \omega/2\pi = 13.56\text{MHz}$。发生本征轴向或径向模式转换时，磁场和电子密度将以不同的比值关联变化。例如，当 $k_z = 0.2\text{cm}^{-1}$、$k_r r_0 = 2.41[J_{1''}(2.41)$ 约为 1] 时，$n_e/B_0 \approx 2.4 \times 10^9 \text{cm}^{-3}/\text{G}$；而当 $k_z =$

0.2cm^{-1}、$k_r r_0 = 3.83$[$J_{1''}$(3.83)约为 2.5]时，$n_e/B_0 \approx 6.0 \times 10^9\text{cm}^{-3}/\text{G}$。

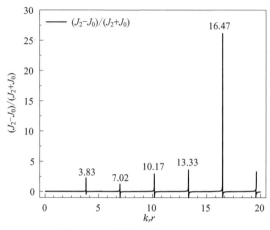

图 5-3　贝塞尔函数 $J_{1''}(k_r r_0)$

以上是忽略电子质量（$m_e = 0$ 或 $E_{zH} = 0$）的情形。事实上，当考虑电子质量（$m_e \neq 0$）时，H 波和 TG 波都存在，并且在边界处耦合。这种耦合或模式转换发生在任何有密度梯度的地方。E_z 由于电子质量（电子惯性）：

$$E_{zH,TG} = -\frac{\mathrm{i}\omega m_e}{n_0 e^2}j_{zH,TG} = -\frac{\mathrm{i}\omega m_e}{n_0 e^2} \times \frac{k_{1,2}}{\mu_0}B_{zH,TG} \tag{5.21}$$

对于绝缘边界，$E_{zH,TG} = 0(r = r_0)$，$B_{rH,TG} = 0(r = r_0)$，即：

$$\begin{cases} j_{zH} + j_{zTG} = 0 & \text{(5.22a)} \\ B_{rH} + B_{rTG} = 0 & \text{(5.22b)} \end{cases}$$

从式（5.14）中可知：

$$j_{zH} + j_{zTG} = \frac{k_H}{\mu_0}B_{zH} + \frac{k_{TG}}{\mu_0}B_{zTG} \tag{5.23}$$

即：

$$\frac{1}{\mu_0}(k_H B_{zH} + k_{TG}B_{zTG}) = -\frac{2\mathrm{i}}{\mu_0}[A_H k_H k_{rH} J_m(k_{rH}r_0) + A_{TG}k_{TG}k_{rTG}J_m(k_{rTG}r_0)] = 0 \tag{5.24}$$

则两波的振幅比为：

$$\frac{A_H}{A_{TG}} = -\frac{k_{TG}k_{rTG}J_m(k_{rTG}r_0)}{k_H k_{rH}J_m(k_{rH}r_0)} \qquad (5.25)$$

从式(5.22b) 可知：

$$A_H[(k_H+k_z)J_{m-1}(k_{rH}r_0)+(k_H-k_z)J_{m+1}(k_{rH}r_0)]$$
$$+A_{TG}[(k_{TG}+k_z)J_{m-1}(k_{rTG}r_0)+(k_{TG}-k_z)J_{m+1}(k_{rTG}r_0)]=0 \qquad (5.26)$$

则两波振幅比为：

$$\frac{A_H}{A_{TG}} = -\frac{(k_{TG}+k_z)J_{m-1}(k_{rTG}r_0)+(k_{TG}-k_z)J_{m+1}(k_{rTG}r_0)}{(k_H+k_z)J_{m-1}(k_{rH}r_0)+(k_H-k_z)J_{m+1}(k_{rH}r_0)} \qquad (5.27)$$

对于 $m=1$，结合式(5.25) 和式(5.27)，完整的边界条件为：

$$(k_H+k_z)J_0(k_{rH}r_0)+(k_H-k_z)J_2(k_{rH}r_0)$$
$$=[(k_{TG}+k_z)J_0(k_{rTG}r_0)+(k_{TG}-k_z)J_2(k_{rTG}r_0)]\times\frac{k_H k_{rH}J_1(k_{rH}r_0)}{k_{TG}k_{rTG}J_1(k_{rTG}r_0)} \qquad (5.28)$$

可令等式左边和右边分别为 H 波和 TG 波的函数：

$$\begin{cases} F(H)=(k_H+k_z)J_0(k_{rH}r_0)+(k_H-k_z)J_2(k_{rH}r_0) \\ f(TG)=[(k_{TG}+k_z)J_0(k_{rTG}r_0)+(k_{TG}-k_z)J_2(k_{rTG}r_0)]\times \\ \qquad \frac{k_H k_{rH}J_1(k_{rH}r_0)}{k_{TG}k_{rTG}J_1(k_{rTG}r_0)}=F(TG)\times\frac{D_H}{D_{TG}} \end{cases} \qquad (5.29)$$

径向波数 k_r 应由 $F(H)$ 和 $f(TG)$ 两个函数的交点来确定，如图 5-4 所示，即在虚线区域内（H 波和 TG 波的传播区域）所有的实线和点的位置为函数出现交点的位置，由此可知，k_r 可取任意值[80]。

通常，有限电子质量（$m_e \neq 0$）对等离子体源中螺旋波的最低阶径向模式有较大影响。对于高密度非均匀等离子体，$n_e \geqslant 10^{13} \mathrm{cm}^{-3}$，忽略电子质量的简单螺旋波等离子体模型似乎足以描述等离子体和波的耦合和色散。

H 波波能密度的近似关系为[58,170]：

$$W=\left\langle\frac{B^2}{2\mu_0}\right\rangle+\left\langle\frac{\varepsilon_0 E^2}{2}\right\rangle+KE \qquad (5.30)$$

等式右边第三项粒子的动能（KE）是可忽略的，因为离子几乎不

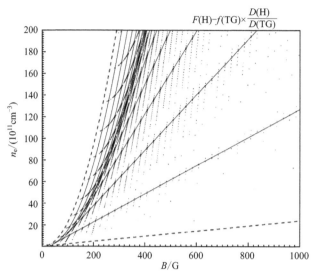

图 5-4 n_e-B 平面中 $F(H)$ 和 $f(TG)$ 的函数

虚线为 TG 波和 H 波传播范围

移动，而电子只有缓慢的 $\vec{E} \times \vec{B}$ 漂移。第二项电场能量（包括静电部分）由式（5.16）可知，比磁能小 $(\omega/kc)^2$，可忽略不计。从式（5.15a）、式（5.15b）、式（5.15c）可知，磁能在半径 r_0 上积分，且以 B_z 为主：

$$\langle B^2 \rangle \simeq \langle B_z^2 \rangle = 2A^2 T^2 J_m^2(k_r r_0) \tag{5.31}$$

因此，波能密度近似为：

$$W \simeq \frac{A^2 k_r^2 J_m^2}{\mu_0} \tag{5.32}$$

当 H 波能量达到最大值时，B_z 在 $J_1(k_r r_0) = J_{1\max}$ 处达到峰值。在这种情况下，径向波数 k_r 可以取一系列特征值，如 $\dfrac{1.84}{r_0}$、$\dfrac{5.33}{r_0}$、$\dfrac{11.78}{r_0}$ …。

5.2.2 本征轴向模

轴向波数 k_z 可通过螺旋波天线的轴向长度来确定[30,61,133]。对于 $m=1$ 的天线耦合，Chen 等人[61] 提出可从天线的功率谱中得到 k_z 与天线电流的傅里叶变换 $|K_\Phi|^2$ 之间的关系（$|K_\Phi|^2$ 与天线功率 P_{Ann} 成正比）：

$$K_\Phi = I_0 \frac{-2}{\pi} \times \frac{k_z d_A}{2} \times \frac{\sin\left(\frac{k_z d_A}{2} - \theta\right)}{\frac{k_z d_A}{2} - \theta} \tag{5.33}$$

式中，θ 是从一端到另一端的扭转角的一半。对于本研究所用到的半螺旋天线，$\theta = \pi/2$。当 $|K_\Phi|^2$ 达到最大值时，天线与螺旋波等离子体耦合较好，如图 5-5 所示。

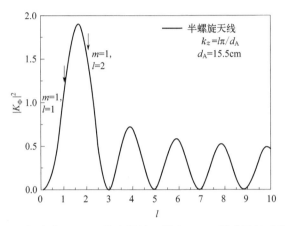

图 5-5　长度为 15.5cm 的半螺旋天线在 $m=1$ 模式下的功率谱

轴向波数 k_z 为：

$$k_z = l\frac{\pi}{d_A}, \quad l = 1, 2, 4, 6, \cdots \tag{5.34}$$

式中，l 为轴向特征值，d_A 为天线长度。

因此，轴向波数 k_z 也是离散的，其中 k_z 的分立取值也已被前一章节实验中螺旋波的轴向分布测量结果证实（如图 4-12 所示）。

由于波数的轴向或径向分量在有界系统中都不能连续变化，因此色散关系式(5.10)中 B_0 固定时的等离子体密度不会平滑变化；当本征轴向和径向模（或波数）发生不连续变化时，密度必然发生跳跃。

5.3　不同实验条件的波模分析

第 3 章所描述的实验结果表明，波模式的转换伴随着等离子体电子密度的跳变。在此基础上，分析发生模式转换的条件。

图 5-6 是根据图 3-1 $p_0 = 0.3$Pa、$B_0 = 500$G 时的等离子体电子密度随功率变化，计算得到的轴向模式 $l = 1$、等离子体趋肤深度 δ_p、4α、β。

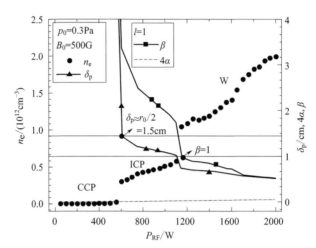

图 5-6 $p_0 = 0.3$Pa、$B_0 = 500$G 时等离子体电子密度随功率的变化

对应的轴向模式 $l = 1$、等离子体趋肤深度 δ_p（▲ 实线）和 4α（虚线）、β（■ 实线）

可以看到，当趋肤深度 δ_p 接近管径 r_0 的一半时（$\delta_p = r_0/2 = 1.5$cm），CCP-ICP 模式转换发生了，与以前研究结果[29,80] 一致，即 CCP-ICP 模式转换发生，$\delta_p = r_0/2$，此时感应功率耦合效率最高。

ICP—W 模式转换发生在 $4\alpha < 1$ 和 $\beta = 1$ 的条件下，即满足 H 波的临界传播条件，同时表明放电进入第一个本征轴向模，即 $l = 1$ 或 $k_{z1} = \pi/d_A = 0.2$cm^{-1}。

图 5-7 是 $p_0 = 0.5$Pa、$B_0 = 500$G 时的情形。

可以看到，CCP-ICP 模式转换发生在 $\delta_p \approx 1.2$cm，约为 $\dfrac{r_0}{2}$ 时，与上述图 5-6 结果一致。

W1 和 W2 模式的轴向本征值为 $l = 1$，即 $k_{z2} = k_{z1} = \pi/d_A = 0.2$cm^{-1}。在这种情况下，条件 $4\alpha < 1$ 和 $\beta = 1$ 是满足于 ICP—W1 的跳变点，表明 ICP—W1 模式转换发生在第一个本征轴向模 $k_{z1} = 0.2$cm^{-1} 处，与图 5-6 的结果一致。

W2 模式的轴向波数与 W1 相同，但由于等离子体电子密度的跳变导

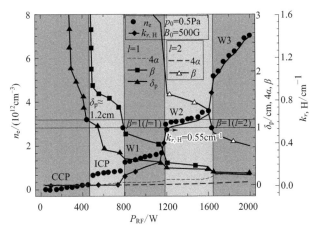

图 5-7 $p_0 = 0.5$Pa、$B_0 = 500$G 时等离子体电子密度随功率的变化

对应的轴向模式 $l = 1$、2、等离子体趋肤深度 δ_p（—▲—）、4α（深和浅色虚线）、

β（—■—和—△—实线）和 H 波的径向波数 $k_{r,H}$（—◆—实线）

致 W2 模式下螺旋波的径向波数同时发生了跳变。此时，被认为在 W2 模式下激发了本征径向模，即 k_r 满足贝塞尔函数 $J_1(k_r r_0) = J_{1max}(k_r r_0)$ 的第一个根，如图 5-8（a）所示，$k_{r1} r_0 = 1.84$ 或 $k_{r1} = 0.61$cm^{-1}，如图 5.8（b）所示。

在 W1—W2 的转换点处，螺旋波的径向波数为 $k_{r,H2} = 0.55$cm^{-1}，几乎等于 $J_1 \simeq J_{1max}$ 的根 $k_{r1} = 0.61$cm^{-1}。因此，当轴向波数为 $k_{z2} = 0.2$cm^{-1} 保持不变时，W1—W2 的径向波数从 $k_{r,H1} = 0.12$cm^{-1} 跳跃到 $k_{r,H2} = 0.55$cm^{-1}，被认为发生径向模式转换。

基于 H 波能量沉积理论[58,71,170]，对于 $m = 1$，H 波的能量吸收随 $J_1^2(k_r r_0)$ 变化，或 H 波能（主要是磁能）正比于 $J_1^2(k_r r_0)$ ［见式 (5.32)］，即 $\langle B^2 \rangle \simeq \langle B_z^2 \rangle \propto J_1^2(k_r r_0)$。当 $J_1'(k_r r_0) = 0$ 或 $J_1(k_r r_0 = 1.84, 5.33, \cdots) = J_{1max}$ 时，H 波的能量沉积几乎达到最大。在 W1—W2 转换点处，由于在本征轴向模 $l = 1$ 时径向波数满足 $J_1'(k_r r_0) = 0$，因此可实现 W1—W2 模式转换。

在 W3 模式的阈值密度 $n_{e,cr3} = 5.2 \times 10^{12}$cm^{-3} 处，条件 $4\alpha < 1$ 和 $\beta = 1$ 成立，同时发生了 W2—W3 模式转换。表明放电进入第二个本征轴向模，即 $l = 2$ 和波数 $k_{z3} = \dfrac{2\pi}{d_A} = 0.4$cm^{-1}，同时也符合色散关系，即等离子体

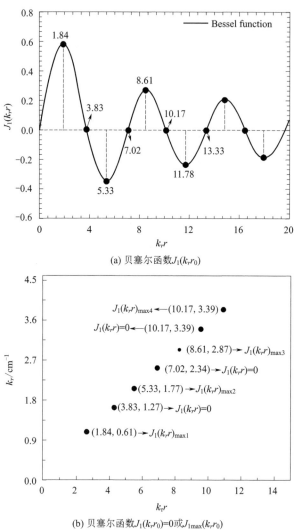

(a) 贝塞尔函数$J_1(k_r r_0)$

(b) 贝塞尔函数$J_1(k_r r_0)=0$或$J_{1max}(k_r r_0)$

图 5-8 贝塞尔函数 $J_1(k_r r_0)$ 和贝塞尔函数 $J_1(k_r r_0)=0$

或 $J_{1max}(k_r r_0)$ 的 k_r 和 $k_r r$ 的对应关系

密度以较高的轴向波数增加。

图 5-9 是 $p_0=0.8Pa$、$B_0=500G$ 的情形。

可以看到，W1 和 W2 模式的轴向本征值为 $l=1$，即 $k_{z2}=k_{z1}=\dfrac{\pi}{d_A}=$

$0.2cm^{-1}$。表明 ICP—W1 模式转换发生在第一个本征轴向模 $k_{z1}=$

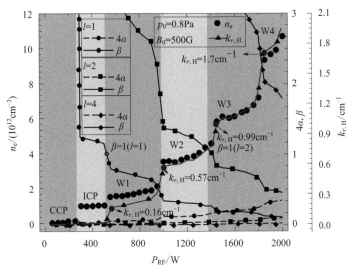

图 5-9　$p_0 = 0.8\text{Pa}$、$B_0 = 500\text{G}$ 时等离子体电子密度随功率的变化

对应的轴向模式 $l = 1$，2，3 时，4α（——●——、——■——和——◆——虚线），β（——●——、——■——和——◆——实线）和 H 波的径向波数 $k_{r,\text{H}}$（——▲——实线）

0.2cm^{-1} 处，与上述图 5-7 的结果一致。

W2 模式的轴向波数与 W1 相同，但径向波数不同。在 W1—W2 的转换点处，螺旋波的径向波数为 $k_{r,\text{H}2} = 0.57\text{cm}^{-1}$，几乎等于 $J_1 \simeq J_{1\text{max}}$ 的根 $k_{r1} = 0.61\text{cm}^{-1}$。因此，W1—W2 的径向波数从 $k_{r,\text{H}1} = 0.16\text{cm}^{-1}$ 跳跃到 $k_{r,\text{H}2} = 0.57\text{cm}^{-1}$，被认为发生径向模式转换。

W3 的轴向本征值为 $l = 2$，即波数 $k_{z3} = \dfrac{2\pi}{d_{\text{A}}} = 0.4\text{cm}^{-1}$。表明 W2—W3 模式转换是从低阶到高阶轴向模转换。

W4 与 W3 模式具有相同的本征轴向模 $l = 2$，但径向波数不同。其波数 $k_{r,\text{H}4} = 1.7\text{cm}^{-1}$ 接近于 $J_1 \simeq J_{1\text{max}2}$（$k_r r_0 = 5.33$）的第二根，或 $k_{r4} = 1.77\text{cm}^{-1}$。从 W3 向 W4 模式转变，认为在该轴向模式下 H 波能量沉积几乎达到最大。因此，W3—W4 模式转换是由于径向波数从 $k_{r,\text{H}3} = 0.99\text{cm}^{-1}$ 到 $k_{r,\text{H}4} = 1.70\text{cm}^{-1}$ 的转换。需要注意的是，当 $k_r r_0$ 接近于贝塞尔函数的零根时，例如 $J_1(k_r r_0) \simeq 0(k_r r_0 = 3.83)$，这种情况发生在 W4 模式跳变点附近，表示放电自此进入纯 H 波模式（或 TG 波反共振），即 W4 模式属于纯 H 波模式，而 W1—W3 径向波数之所以不满足 H 波的

边界条件 $(J_1(k_r r_0) \simeq 0)$，是因为在以上几个波模式中，H 波和 TG 波同时存在。

上述结果表明，螺旋波等离子体放电模式转换存在两种不同机制，即轴向模式转换和径向模式转换。在这两种情况下，等离子体密度和磁场起着至关重要的作用。

首先，模式转换与等离子体密度有关。

对于轴向模式，在给定磁场 $B_0 = 500\text{G}$ 下，由条件 $\beta = 1$ [式(5.4b)] 可知，$k_z \propto \omega_p \propto \sqrt{n_e}$，预测了前两个轴向模式 $l = 1,2$ 的阈值密度分别为 $n_{e,cr} = 1.2 \times 10^{12}\,\text{cm}^{-3}$ 和 $4.6 \times 10^{12}\,\text{cm}^{-3}$。这将导致 ICP—W1 和 W2—W3 的模式转换。为激发更高的本征轴向模 $l \geqslant 4$，需要更高的阈值密度 $n_{e,cr} \geqslant 1.9 \times 10^{13}\,\text{cm}^{-3}$。但该值超出了本研究实验的范围，因此实验中没有观察到更高的轴向模式。

对于径向模式，在给定 $B_0 = 500\text{G}$ 磁场下，由 H 波的径向波数 [式(5.6a)] 可知，$k_r \propto \dfrac{\omega_p^2}{k_z} \propto \dfrac{n_e}{k_z}$。若为纯 H 波情形，径向波数 k_r 要满足边界条件 $J_m(k_r r_0) \simeq 0$，其本征值为 $k_r = 3.83/r_0$，$7.02/r_0$，$10.17/r_0 \cdots$，对应阈值密度为 $n_{e,cr} = 7.2 \times 10^{12}\,\text{cm}^{-3}$、$1.2 \times 10^{13}\,\text{cm}^{-3}$ 和 $1.7 \times 10^{13}\,\text{cm}^{-3}$。在本研究中，只有 W4 模式满足纯螺旋波的条件。若 H 波和 TG 波共存，则需满足 H 波和 TG 波同时存在的边界条件，即式(5.29)。此时，k_r 可取任意的有限值。但在 H 波功率沉积几乎达到最大时，即当 $J_m(k_r r_0)' \simeq 0$ 时，将发生模式转换，即不同的径向模式满足 $k_r = 1.84/r_0$，$5.33/r_0$，$11.78/r_0 \cdots$。无论哪一种，k_r 都是离散的，与本实验结果吻合较好。

其次，模式转换也依赖轴向磁场。

对于给定的本征模式(k_z 和 k 为常数)，等离子体密度与磁场呈线性相关。在射频功率 $P_{RF} = 1200\text{W}$ 下，电子密度随磁场的变化如图 5-10 所示（$p_0 = 0.8\text{Pa}$），同时给出了由式(5.4)～式(5.6) 得到的各跳变点的轴向模式($l = 1$ 和 2) 的 $4\alpha = 1$、$\beta = 1$ 线和 $k_{r,H}$ 值。

可以看出，W1—W3 转换的电子密度符合第一个本征轴向模式 $l = 1$ 的 H 波的传播范围，即 $4\alpha|_{l=1} \leqslant 1$ 和 $\beta|_{l=1} \leqslant 1$，因此 W1、W2 和 W3 模的轴向波数为 $k_z = 0.2\text{cm}^{-1}$。由色散关系可知，电子密度的跳变将引起

螺旋波径向波数的跳变，使 $k_{r,\mathrm{H}3} > k_{r,\mathrm{H}2} > k_{r,\mathrm{H}1}$。

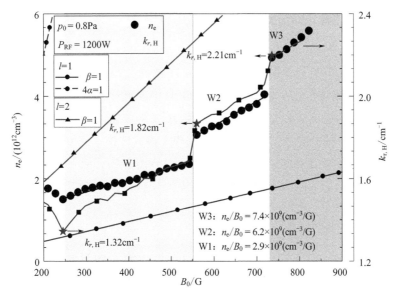

图 5-10　$p_0 = 0.8\mathrm{Pa}$、$P_{\mathrm{RF}} = 1200\mathrm{W}$ 时等离子体电子密度随磁场的变化

对应的轴向模式 $l=1$、2，$4\alpha=1$（—●—虚线），$\beta=1$（—●—和—▲—实线）和

H 波的径向波数 $k_{r,\mathrm{H}}$（—■—实线）

在进入 W1 模的转换点，$k_{r,\mathrm{H}1}=1.32\mathrm{cm}^{-1}$，近似等于 $J_1 \simeq 0$ 的第一个根 $k_{r1}=1.27\mathrm{cm}^{-1}$（或 $k_r r_0 = 3.83$），如图 5-8(b) 所示。此时放电进入纯 H 波模式，（因为满足纯 H 波的边界条件 $J_1 \simeq 0$。）中心的功率沉积增大，模式发生转换，进入第一个纯 H 波的径向模式。在 W1—W2 转换点，$k_{r,\mathrm{H}2}=1.82\mathrm{cm}^{-1}$，近似等于式(5.20)中第二个径向模 $J_{1''}(k_r r_0)=1$（$k_r r_0 = 3.83$）的根 $k_{r2}=1.84\mathrm{cm}^{-1}$，此时放电进入第二个径向模式。在 W2—W3 转换点，$k_{r,\mathrm{H}3}=2.20\mathrm{cm}^{-1}$，接近于 $J_1 \simeq 0$ 的第二个零根，即 $k_{r3}=2.34\mathrm{cm}^{-1}$（或 $k_r r_0 = 7.02$），放电进入第三个径向模式。相应地，密度随磁场线性增加的斜率逐渐增大。

综上，密度随磁场的模式转换（W1—W3）是纯 H 波的径向模式转换，其波数从 $k_{r,\mathrm{H}1}=1.32\mathrm{cm}^{-1}$ 变化到 $k_{r,\mathrm{H}2}=1.82\mathrm{cm}^{-1}$ 和 $k_{r,\mathrm{H}3}=2.20\mathrm{cm}^{-1}$；$n_{\mathrm{e}}$-$B_0$ 线的斜率分别为 $2.9 \times 10^9 \mathrm{cm}^{-3}/\mathrm{G}$（W1 模）、$6.2 \times 10^9 \mathrm{cm}^{-3}/\mathrm{G}$（W2 模）和 $7.4 \times 10^9 \mathrm{cm}^{-3}/\mathrm{G}$（W3 模）。

5.4 波耦合模式的能量沉积

在螺旋波等离子体源中，TG 波和 H 波的贡献在于对等离子体的加热[69-76]。在高密度强磁场放电中，TG 波将在几个波长（约 mm 量级）内被等离子体表面强烈吸收；而弱阻尼 H 波可穿透中心区域被吸收并驱动轴向等离子体加热或产生。从 W1 到 W4 模式转换，螺旋波等离子体出现不同的中心峰值密度径向分布（如图 4-2～图 4-5），表明波在等离子体中心区域产生了不同的能量沉积。

5.4.1 H 波和 TG 波的阻尼

图 5-11 给出在不同模式下 H 波和 TG 波的径向阻尼深度［式(5.7)］随密度的变化。实验条件与图 5-9 一致。

可以看出，H 波和 TG 波的径向阻尼深度都随密度增大而降低，但衰减趋势不同。H 波的阻尼深度 $\delta_{r,\mathrm{H}} \geqslant 50\mathrm{cm}$，远大于管径 r_0，因此 H 波可穿透等离子体柱的中心。而 TG 波的阻尼深度较小，$\delta_{r,\mathrm{TG}} \leqslant 0.18\mathrm{cm}$，远小于 r_0，在等离子体表面附近被强烈阻尼。

从低阶模式（W1）转换到高阶模式（W2～W4），H 波的阻尼深度呈现先减小、后平稳、再减小的过程，但始终远大于管径。而 TG 波的阻尼深度呈现持续减小的趋势，至高阶 W4 模式，$\delta_{r,\mathrm{TG}} \leqslant 0.03\mathrm{cm}$，即高阶 TG 模在等离子体表面更容易被强碰撞耗散。因此，在波耦合模式（尤其是高阶模）下，电子中心加热的能量沉积主要来自 H 波，这导致等离子体密度和电子温度呈现中心峰值的径向分布（如图 4-2 和图 4-3）。

TG 波在高密度等离子体中被强烈阻尼，能量沉积只集中在等离子体柱表层很窄的区域，这也可以提供射频功率输入的表面通道，引起表面加热[69-75]，这是一个普遍的情况。但是，当等离子体处于反共振区时，TG 波的猝灭对螺旋波等离子体的射频功率吸收有很大影响[71,99]。此时，TG 波在近表面被抑制，原本释放到 H 波和 TG 波的总射频功率将被重新分配，几乎全部被分配到 H 波通道，从而导致 H 波的功率沉积大幅增加。

TG 波的反共振条件为：

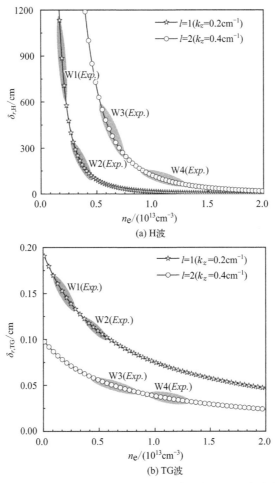

图 5-11　在 W1~W4 模式下，H 波和 TG 波的径向阻尼深度随密度的变化

阴影区域表示实验测量的密度范围

$$\mathrm{Re}\left[J_1(k_{r,\mathrm{H}}r_0)\right] \approx J_1(k_{r,\mathrm{H}}r_0) = 0, \mathrm{Im}\left[J_1(k_{r,\mathrm{H}}r_0)\right] \approx \kappa_{r,\mathrm{H}}r_0 \ll 1$$

$$(5.35)$$

即当进入 TG 波反共振模式（或纯 H 波模式）时，纯 H 波的本征径向模被激发，H 波的径向波数满足 $k_{r,\mathrm{H}} = 3.83/r_0$，$7.02/r_0$，$10.17/r_0 \cdots$。

图 5-12 是不同模式下 k-k_z 关系图，实验条件与图 5-9 相同。

可以看出，W1—W2 转换仅是径向波数的变化，轴向波数为 $k_{z1,2} = 0.2\mathrm{cm}^{-1}$；W2—W3 转换主要依赖于轴向波数；W3—W4 转换则是径向波数的变化，轴向波数为 $k_{z3,4} = 0.4\mathrm{cm}^{-1}$。而且，仅 W4 模式下 H 波的

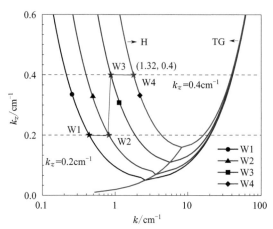

图 5-12 k_z-k 空间不同模式下 H 波（左支）和 TG 波（右支）的色散关系

$f=13.56\text{MHz}$，$B_0=500\text{G}$，$n_e=2.5\times10^{12}\text{cm}^{-3}$、$5.0\times10^{12}\text{cm}^{-3}$、$7.0\times10^{12}\text{cm}^{-3}$、$1.1\times10^{13}\text{cm}^{-3}$，

分别对应 W1～W4 模式；虚线表示两个轴向模式 $k_{z1,2}=0.2\text{cm}^{-1}$ 和 $k_{z3,4}=0.4\text{cm}^{-1}$

径向波数满足式(5.35)中 TG 波的反共振条件，$k_{r,\text{H}}=1.32\text{cm}^{-1}\approx\dfrac{3.83}{3}$ 和 $\kappa_{r,\text{H}}r_0=0.01\ll1$。表明放电进入纯 H 波模式，中心加热急剧增强，与实验中电子温度的径向分布表现出中心峰值（约为边缘温度的 1.5 倍）的结果一致（如图 4-3）。

根据这一机理，可得出高阶 W4 模式是 TG 波反共振的一个特征。因此，螺旋波等离子体放电进入高阶模式，应该是从 H 波和 TG 波共存为主过渡到 TG 波反共振区，H 波的能量吸收显著增强。

5.4.2　能量沉积

为分析不同波模式的加热机制，采用 HELIC 螺旋波模拟软件[60,61,129,177,178] 研究螺旋波径向和轴向能量沉积。

HELIC 软件可研究径向非均匀和轴向均匀等离子体的功率沉积。其基本原理是利用特定的边界条件求解六个径向耦合微分方程，得到两个独立的波（H 波和 TG 波）。其基本限制条件是：①需满足静磁场是恒定均匀磁场；②不包含等离子体的产生和传输等过程。关于该软件详细的模型定义及介绍在 Chen 和 Arnush[60-62,129] 以及王宇[169] 的工作中已有具体描述，这里不再重复。

为研究径向非均匀等离子体的功率吸收，我们假设密度分布为：

$$n(r)=n_0\left[1-\left(\frac{r}{\overline{\omega}}\right)^s\right]^t,\quad \overline{\omega}=\frac{r_0}{\left[1-(f_{r_0})^{1/t}\right]^{1/s}} \tag{5.36}$$

式中，s 和 t 是常量；f_{r_0} 表示 $r=r_0$ 的相对密度 $\frac{n_{r0}}{n_0}$；n_0 是等离子体中心的密度。当 $f_{r_0}\neq 0$ 时，密度分布可设置为各种函数形式。

模拟采用的径向密度分布，如图 5-13 所示，根据实验图 4-2(a) 中的不同模式下等离子体的径向密度分布近似拟合得到，密度的径向梯度逐渐增大，这对 H 波与 TG 波在等离子体中的激发和能量吸收有着非常重要的影响。

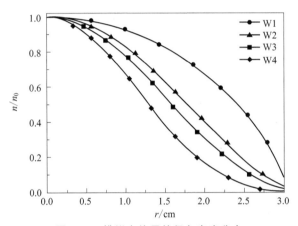

图 5-13　模拟中使用的径向密度分布

假设等离子体内温度分布为：

$$\frac{T}{T_0}=f_{r_0}+(1-f_{r_0})\left[1-\left(\frac{r}{r_0}\right)^{s_t}\right]^{t_t},f_{r_0}=\frac{T_{r_0}}{T_0} \tag{5.37}$$

式中，s_t、t_t 是调节温度梯度的参数；T_0 是等离子体中心温度；T_{r_0} 是边缘温度。同理，模拟中的电子温度径向分布也是根据图 4-3 中的数据确定的。

模拟区域的尺寸结构由实际放电结构尺寸确定。计算模型如图 5-14 所示，等离子体位于半径 $r_0=3\mathrm{cm}$ 的圆柱形石英管内，半径 $r_A=3.5\mathrm{cm}$、长度 $d_A=15.5\mathrm{cm}$ 的天线缠绕在石英管上，天线厚度忽略不计，整个放电装置置于内径 $r_c=15\mathrm{cm}$ 的筒形金属仓内。

图 5-15 给出不同等离子体密度的功率沉积的径向分布。根据图 4-2 的实验数据，各参数设为：图 5-15(a)，$n_e=6.3\times10^{11}\sim1.1\times10^{13}\mathrm{cm}^{-3}$，$B=500\mathrm{G}$；图 5-15(b)，$B=50\sim700\mathrm{G}$，$n_e=8\times10^{12}\mathrm{cm}^{-3}$。

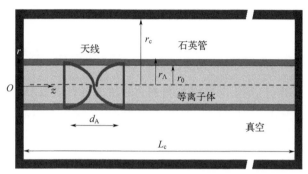

图 5-14　HELIC 几何计算模型

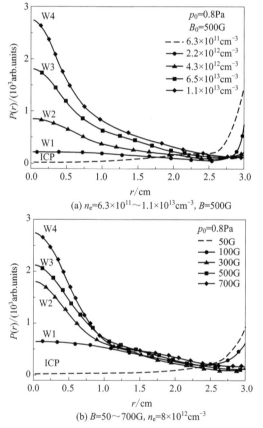

(a) n_e=6.3×10¹¹～1.1×10¹³cm⁻³, B=500G

(b) B=50～700G, n_e=8×10¹²cm⁻³

图 5-15　不同波模式下功率沉积的径向分布

arb. units 是 arbitary unit 的缩写，意为任意单位

可以看出，在 ICP 模式（$n_e=6.3\times10^{11}\,\mathrm{cm}^{-3}$ 或 $B=50\mathrm{G}$），功率几乎都沉积在等离子体边缘，表明主要是 TG 波在等离子体中传播（或感应电流在边缘加热），这是实验中观测到的等离子体密度均匀分布或空心分布的主要原因[26,93]。边缘产生的等离子体除了会沿着与壁面连接较短的磁力线迅速消失以外，可以向内扩散并填充等离子体柱的中心区域，当密度增大到 H 波可以在中心区域传播后，放电进入低阶模式（如 $n_e=2.0\times10^{12}\,\mathrm{cm}^{-3}$ 或 $B=100\mathrm{G}$ 的情形）。此时，边缘和中心都存在功率吸收，但边缘功率吸收明显强于中心，表明 H 波和 TG 波都在等离子体中传播[H 波和 TG 波密度传播范围 $1.2\times10^{12}\,\mathrm{cm}^{-3}(\beta=1)\leqslant n_{\min}\leqslant3.0\times10^{13}\,\mathrm{cm}^{-3}(4\alpha=1)$]，但 TG 波为主导，在等离子体边缘沉积较多能量。随着径向密度梯度的增加（如图 5-13 所示），放电进入高阶模式（如 $n_e=4.0\times10^{12}\sim1.1\times10^{13}\,\mathrm{cm}^{-3}$ 或 $B=300\sim700\mathrm{G}$ 的情形），中心区域的功率沉积逐渐增大，而边缘的功率吸收逐渐减小。当径向密度梯度足够大时，边缘 TG 波将被抑制，此时能量几乎全部被纯 H 波吸收，引起中心区域强烈的能量沉积。中心区域 H 波的存在及其对等离子体的高效加热和电离是高阶模式下形成中心密度峰和 Blue Core 现象的主要原因。

图 5-16 是在低阶和高阶模式下等离子体吸收功率的轴向分布。其中，n_e 为 $2.0\times10^{12}\,\mathrm{cm}^{-3}$ 和 $3.0\times10^{12}\,\mathrm{cm}^{-3}$，对应实验低阶模典型密度；$n_e$ 为 $8.0\times10^{12}\,\mathrm{cm}^{-3}$ 和 $9.0\times10^{12}\,\mathrm{cm}^{-3}$，对应高阶模式的典型值。

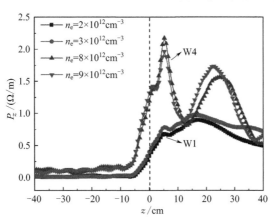

图 5-16 不同波模式下功率沉积的轴向分布

虚线表示天线中心

可以看出，在低阶和高阶模式下，等离子体的吸收功率关于天线中心呈非对称分布，功率最大值都出现在 $z=0\sim40\mathrm{cm}$ 范围内，与实验中的等离子体轴向密度分布类似，即在天线下半部分出现最大值（如图 4-6 和图 4-7 所示），这也证实半螺旋天线只在一个方向上激发 $m=1$ 的螺旋波，导致射频功率沉积沿着波传播的方向较强。在高阶模式下，功率沉积明显高于低阶模式，且在天线下游出现两个峰值，这是由较高的轴向波数导致的。

图 5-17 给出在低阶和高阶模式下，等离子体的相对吸收功率随螺旋波轴向波数 k_z 的变化。其中，$n_e=1.5\times10^{12}$、2.0×10^{12}、$2.5\times10^{12}\mathrm{cm}^{-3}$，为实验中低阶模式下的典型密度；$n_e=8.0\times10^{12}$、$8.5\times10^{12}$、$1.0\times10^{13}\mathrm{cm}^{-3}$，是高阶模式下的典型值。

可以看出，在低阶模式下，相对吸收功率随着等离子体密度的增加而增加，最大值都出现在轴向波数 $k_z=0.2\mathrm{cm}^{-1}$ 附近，如图 5-17(a) 所示，与实验中所测得的低阶模式的轴向波数值一致 ［如图 4-12(a) 所示］，且

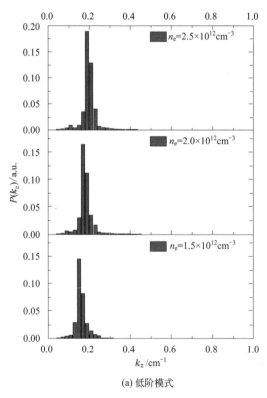

(a) 低阶模式

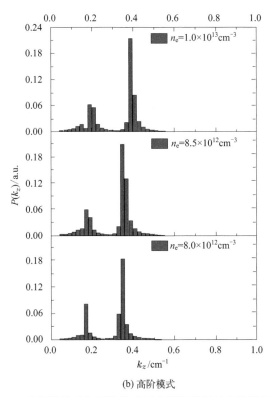

(b) 高阶模式

图 5-17 在低阶模式和高阶模式下功率沉积随轴向波数的变化

满足本征轴向模的条件 [式(5.34)]。由此证实,在低阶模式下,等离子体中激发出螺旋波低阶本征轴向模。

在高阶模式下,螺旋波相对吸收功率的最大值出现在不同 k_z 值处,即 k_z 约为 $0.2\mathrm{cm}^{-1}$ 和 k_z 约为 $0.4\mathrm{cm}^{-1}$。由此推测,等离子体中激发了两个本征轴向模。随着密度的增加,k_z 约为 $0.2\mathrm{cm}^{-1}$ 对应的螺旋波吸收功率的最大值逐渐减小,而 k_z 约为 $0.4\mathrm{cm}^{-1}$ 波的吸收功率的最大值逐渐增大,且 k_z 约为 $0.4\mathrm{cm}^{-1}$ 对应的螺旋波相对吸收功率的最大值始终大于 k_z 约为 $0.2\mathrm{cm}^{-1}$ 的吸收功率。因此,在高阶模式下,在等离子体中激发出 k_z 约为 $0.4\mathrm{cm}^{-1}$ 的高阶轴向本征模,其能量沉积效率更高,这与实验测量得到的结果一致 [如图 4-12(d)]。

综上,等离子体密度以及径向分布影响了 TG 波和 H 波的激发,从而导致等离子体中不同的功率沉积。被激发的螺旋波的不同本征模将其能量传递给放电等离子体，反过来又可以改变密度分布。在低阶模式下，放电激发了低阶轴向本征模，以 TG 波为主导对等离子体的边缘沉积能量，H 波在中心沉积能量。在高阶模式下，放电激发了高阶轴向本征模，TG 波在天线附近被强烈抑制，在等离子体边缘产生能量沉积和电离，而 H 波在等离子体中心区域沉积大量能量，产生高效加热和电离。

参考文献

[1] Caneses J F，Blackwell B D，Piotrowicz P．Helicon antenna radiation patterns in a high-density hydrogen linear plasma device [J]．Physics of Plasmas，2017，24 (11)：113513．

[2] Scime E E，Carr Jr J，Galante M，et al．Ion heating and short wavelength fluctuations in a helicon plasma source [J]．Physics of Plasmas，2013，20 (3)：032103．

[3] Windisch T，Rahbarnia K，Grulke O，et al．Study of a scalable large-area radio-frequency helicon plasma source [J]．Plasma Sources Science and Technology，2010，19 (5)：055002．

[4] Kline J L，Scime E E，Keiter P A，et al．Ion heating in the HELIX helicon plasma source [J]．Physics of Plasmas，1999，6 (12)：4767-4772．

[5] Kline J L，Scime E E．Parametric decay instabilities in the HELIX helicon plasma source [J]．Physics of Plasmas，2003，10 (1)：135-144．

[6] Paul M K，Bora D．Helicon plasma production in a torus at very high frequency [J]．Physics of Plasmas，2005，12 (6)：062510．

[7] Beers C J，Lindquist E G，Biewer T M，et al．Characterization of the helicon plasma flux to the target of Proto-MPEX [J]．Fusion Engineering and Design，2019，138：282-288．

[8] Cui R L，Han R Y，Yang K Y，et al．Diagnosis of helicon plasma by local OES [J]．Plasma Sources Science and Technology，2020，29 (1)：015018．

[9] Zhang T L，Cui R L，Zhu W Y，et al．Influence of neutral depletion on blue core in argon helicon plasma [J]．Physics of Plasmas，2021，28 (7)：073505．

[10] Wang H H，Zhang Z，Yang K Y，et al．Axial profiles of argon helicon plasma by optical emission spectroscope and Langmuir probe [J]．Plasma Science and Technology，2019，21 (7)：074009．

[11] 甘德昌．在高密度螺旋波等离子体蚀刻器上蚀刻 $0.35\mu m$ 多晶硅栅极 [J]．等离子体应用技术快报，1996 (11)：2．

[12] 於俊，黄天源，季佩宇，等．螺旋波等离子体合成 SiON 薄膜及其特性 [J]．科学通报，2017，62 (19)：2125-2131．

[13] Fu G，Xu H，Wang S．Epitaxial growth of ZnO films by helicon-wave-plasma-assisted sputtering [J]．Physica B：Condensed Matter，2006，382 (1-2)：17-20．

[14] Kitagawa H，Tsunoda A，Shindo H，et al．Etching characteristics in helicon

wave plasma [J]. Plasma Sources Science and Technology, 1993, 2 (1): 11.

[15] Bartha J W, Greschner J, Puech M, et al. Low temperature etching of Si in high density plasma using SF_6/O_2 [J]. Microelectronic Engineering, 1995, 27 (1-4): 453-456.

[16] Squire J P, Chang-Diaz F R, Glover T W, et al. High power light gas helicon plasma source for VASIMR [J]. Thin Solid Films, 2006, 506/507 (5): 579-582.

[17] Lafleur T. Helicon plasma thruster discharge model [J]. Physics of Plasmas, 2014, 21 (4): 043507.

[18] 夏广庆, 徐宗琦, 王鹏, 等. 螺旋波等离子体推进器原理研究 [J]. 航天器环境工程, 2015, 32 (01): 1-8.

[19] Takahashi K, Komuro A, Ando A. Operating a magnetic nozzle helicon thruster with strong magnetic field [J]. Physics of Plasmas, 2016, 23 (3): 033505.

[20] Takahashi K, Takao Y, Ando A. Modifications of plasma density profile and thrust by neutral injection in a helicon plasma thruster [J]. Applied Physics Letters, 2016, 109 (19): 194101.

[21] Takahashi K, Lafleur T, Charles C, et al. Axial force imparted by a current-free magnetically expanding plasma [J]. Physics of Plasmas, 2012, 19 (8): 083509.

[22] Takahashi K, Charles C, Boswell R, et al. Effect of magnetic and physical nozzles on plasma thruster performance [J]. Plasma Sources Science and Technology, 2014, 23 (4): 044004.

[23] Arefiev A V, Breizman B N. Theoretical components of the VASIMR plasma propulsion concept [J]. Physics of Plasmas, 2004, 11 (5): 2942-2949.

[24] Takahashi K, Lafleur T, Charles C, et al. Direct thrust measurement of a permanent magnet helicon double layer thruster [J]. Applied Physics Letters, 2011, 98 (14): 141503.

[25] 李波, 王一白, 张普卓, 等. VASIMR 中螺旋波等离子体源设计 [J]. 北京航空航天大学学报, 2012, 38 (6): 720-725.

[26] Franck C M, Grulke O, Klinger T. Mode transitions in helicon discharges [J]. Physics of Plasmas, 2003, 10 (1): 323-325.

[27] Ma C, Zhao G, Wang Y, et al. The evolution of discharge mode transition in helicon plasma through ICCD images [J]. IEEE Transactions on Plasma Science, 2015, 43 (10): 3702-3706.

[28] Kinder R L, Ellingboe A R, Kushner M J. H-to W-mode transitions and properties of a multimode helicon plasma reactor [J]. Plasma Sources Science and Technology, 2003, 12 (4): 561.

[29] Ellingboe A R, Boswell R W. Capacitive, inductive and helicon-wave modes of operation of a helicon plasma source [J]. Physics of Plasmas, 1996, 3 (7): 2797-2804.

[30] Kaeppelin V, Carrere M, Faure J B. Different operational regimes in a helicon plasma source [J]. Review of Scientific Instruments, 2001, 72 (12): 4377-4382.

[31] Tysk S M, Denning C M, Scharer J E, et al. Optical, wave measurements, and modeling of helicon plasmas for a wide range of magnetic fields [J]. Physics of Plasmas, 2004, 11 (3): 878-887.

[32] Cheetham A D, Rayner J P. Characterization and modeling of a helicon plasma source [J]. Journal of Vacuum Science and Technology A: Vacuum, Surfaces, and Films, 1998, 16 (5): 2777-2784.

[33] Rayner J P, Cheetham A D. Helicon modes in a cylindrical plasma source [J]. Plasma Sources Science and Technology, 1999, 8 (1): 79.

[34] Chi K K, Sheridan T E, Boswell R W. Resonant cavity modes of a bounded helicon discharge [J]. Plasma Sources Science and Technology, 1999, 8 (3): 421.

[35] Nisoa M, Sakawa Y, Shoji T. Characterization of plasma production by $m=0$ standing helicon waves [J]. Japanese Journal of Applied Physics, 2001, 40 (5R): 3396.

[36] Isayama S, Shinohara S, Hada T, et al. Spatio-temporal behavior of density jumps and the effect of neutral depletion in high-density helicon plasma [J]. Physics of Plasmas, 2019, 26 (5): 053504.

[37] Eom G S, Choe W. Multiple cavity modes in the helicon plasma generated at very high radio frequency [J]. Journal of Vacuum Science and Technology A: Vacuum, Surfaces, and Films, 2002, 20 (6): 2079-2083.

[38] Takahashi K, Charles C, Boswell R, et al. Radial characterization of the electron energy distribution in a helicon source terminated by a double layer [J]. Physics of Plasmas, 2008, 15 (7): 74505. 1-4.

[39] Chen F F. Langmuir probe measurements in the intense rf field of a helicon discharge [J]. Plasma Sources Science and Technology, 2012, 21 (5): 055013. 1-11.

［40］ Sudit I D, Chen F F. Discharge equilibrium of helicon plasma ［J］. Plasma Sources Science and Technology, 1996, 5 (1): 43-48.

［41］ Schneider T P, Dostalik W W, Springfield A D, et al. Langmuir probe studies of a helicon plasma system ［J］. Plasma Sources Science and Technology, 1999, 8 (3): 397.

［42］ Ghosh S N, Dhungel S K, Yoo J, et al. Study of high-density helicon-plasma generation and measurement of the plasma parameters by using a frequency-compensated Langmuir probe ［J］. Journal of the Korean Physical Society, 2006, 48 (5): 908.

［43］ Blackwell D D, Chen F F. Two-dimensional imaging of a helicon discharge ［J］. Plasma Sources Science and Technology, 1997, 6 (4): 569.

［44］ Mukherjee A, Sharma N, Chakraborty M, et al. A study on the influence of external magnetic field on Nitrogen RF discharge using Langmuir probe and OES methods ［J］. Physica Scripta, 2022, 97 (5): 055601.

［45］ Scharer J, Degeling A, Borg G, et al. Measurements of helicon wave propagation and Ar II emission ［J］. Physics of Plasmas, 2002, 9 (9): 3734-3742.

［46］ Khoshhal M, Habibi M, Boswell R. Spectral measurements of inductively coupled and m＝＋1, －1 helicon discharge modes of the constructed plasma source ［J］. AIP Advances, 2020, 10 (6): 065312.

［47］ Sharma N, Chakraborty M, Neog N K, et al. Development and characterization of a helicon plasma source ［J］. Review of Scientific Instruments, 2018, 89 (8): 083508.

［48］ Light M, Sudit I D, Chen F F, et al. Axial propagation of helicon waves ［J］. Physics of Plasmas, 1995, 2 (11): 4094-4103.

［49］ Light M, Chen F F. Helicon wave excitation with helical antennas ［J］. Physics of Plasmas, 1995, 2 (4): 1084-1093.

［50］ Chang L, Hole M J, Caneses J F, et al. Wave modeling in a cylindrical non-uniform helicon discharge ［J］. Physics of Plasmas, 2012, 19 (8): 083511. 1-8.

［51］ Guittienne P, Jacquier R, Duteil B P, et al. Helicon wave plasma generated by a resonant birdcage antenna: Magnetic field measurements and analysis in the RAID linear device ［J］. Plasma Sources Science and Technology, 2021, 30 (7): 075023.

［52］ Niemi K, Krämer M. Helicon mode formation and radio frequency power deposition in a helicon-produced plasma ［J］. Physics of Plasmas, 2008, 15 (7):

073503. 1-9.

[53]　江南，王志强. 螺旋波等离子体的密度与离子能量分布的诊断 [J]. 真空科学与技术，2002，22（2）：112-117.

[54]　Ingram S G，Braithwaite N S J. Ion and electron energy analysis at a surface in an RF discharge [J]. Journal of Physics D：Applied Physics，1988，21（10）：1496-1505.

[55]　Charles C，Degeling A W，Sheridan T E，et al. Absolute measurements and modeling of radio frequency electric fields using a retarding field energy analyzer [J]. Physics of Plasmas，2000，7（12）：5232-5241.

[56]　Cox W，Charles C，Boswell R W，et al. Spatial retarding field energy analyzer measurements downstream of a helicon double layer plasma [J]. Applied Physics Letters，2008，93（7）：071505. 1-12.

[57]　Boswell R W. Plasma production using a standing helicon wave [J]. Physics Letters A，1970，33（7）：457-458.

[58]　Chen F F. Plasma ionization by helicon waves [J]. Plasma Physics and Controlled Fusion，1991，33（4）：339.

[59]　Gilland J H. The effects of neutral depletion on helicon wave plasma generation [D]. Wisconsin：The University of Wisconsin-Madison，2004.

[60]　Chen F F，Arnush D. Generalized theory of helicon waves. Ⅰ. Normal modes [J]. Physics of Plasmas，1997，4（9）：3411-3421.

[61]　Arnush D，Chen F F. Generalized theory of helicon waves. Ⅱ. Excitation and absorption [J]. Physics of Plasmas，1998，5（5）：1239-1254.

[62]　Chen F F. Helicon discharges and sources：a review [J]. Plasma Sources Science and Technology，2015，24（1）：014001.

[63]　Isayama S，Shinohara S，Hada T. Review of helicon high-density plasma：Production mechanism and plasma/wave characteristics [J]. Plasma and Fusion Research，2018，13：1101014.

[64]　 Shinohara S. Helicon high-density plasma sources：Physics and applications [J]. Advances in Physics：X，2018，3（1）：1420424.

[65]　Shinohara S，Kuwahara D，Furukawa T，et al. Development of featured high-density helicon sources and their application to electrodeless plasma thruster [J]. Plasma Physics and Controlled Fusion，2018，61（1）：014017.

[66]　Chang L，Li Q，Zhang H，et al. Effect of radial density configuration on wave field and energy flow in axially uniform helicon plasma [J]. Plasma Science and Technology，2016，18（8）：848.

[67]　Boswell R W. Measurements of the far-field resonance cone for whistler mode waves in a magnetoplasma [J]. Nature, 1975, 258 (5530): 58-60.

[68]　Komori A, Shoji T, Miyamoto K, et al. Helicon waves and efficient plasma production [J]. Physics of Fluids B: Plasma Physics, 1991, 3 (4): 893-898.

[69]　Shamrai K P, Taranov V B. Resonance wave discharge and collisional energy absorption in helicon plasma source [J]. Plasma Physics and Controlled Fusion, 1994, 36 (11): 1719.

[70]　Cho S. The dependence of the plasma density on the magnetic field and power absorption in helicon discharges [J]. Physics Letters A, 1996, 216 (1-5): 137-141.

[71]　Shamrai K P, Taranov V B. Volume and surface rf power absorption in a helicon plasma source [J]. Plasma Sources Science and Technology, 1996, 5 (3): 474.

[72]　Schneider D A, Borg G G, Kamenski I V. Measurements and code comparison of wave dispersion and antenna radiation resistance for helicon waves in a high density cylindrical plasma source [J]. Physics of Plasmas, 1999, 6 (3): 703-712.

[73]　Shinohara S, Shamrai K P. Direct comparison of experimental and theoretical results on the antenna loading and density jumps in a high pressure helicon source [J]. Plasma Physics and Controlled Fusion, 2000, 42 (8): 865.

[74]　Kline J L, Scime E E, Boivin R F, et al. RF absorption and ion heating in helicon sources [J]. Physical Review Letters, 2002, 88 (19): 195002.

[75]　Blackwell D D, Madziwa T G, Arnush D, et al. Evidence for Trivelpiece-Gould modes in a helicon discharge [J]. Physical Review Letters, 2002, 88 (14): 145002.

[76]　Boswell R W. Very efficient plasma generation by whistler waves near the lower hybrid frequency [J]. Plasma Physics and Controlled Fusion, 1984, 26 (10): 1147.

[77]　Degeling A W, Jung C O, Boswell R W, et al. Plasma production from helicon waves [J]. Physics of Plasmas, 1996, 3 (7): 2788-2796.

[78]　Chen F F, Boswell R W. Helicons-the past decade [J]. IEEE Transactions on Plasma Science, 1997, 25 (6): 1245-1257.

[79]　Boswell R W, Chen F F. Helicons-the early years [J]. IEEE Transactions on Plasma Science, 1997, 25 (6): 1229-1244.

[80]　Keiter P A, Scime E E, Balkey M M. Frequency dependent effects in helicon

plasmas [J]. Physics of Plasmas，1997，4（7）：2741-2747.

［81］ Eom G S，Bae I D，Cho G，et al. Helicon plasma generation at very high radio frequency [J]. Plasma Sources Science and Technology，2001，10（3）：417.

［82］ Kim J H，Chang H Y. A study on ion energy distribution functions and plasma potentials in helicon wave plasmas [J]. Physics of Plasmas，1996，3（4）：1462-1469.

［83］ Shinohara S，Tanikawa T. Development of very large helicon plasma source [J]. Review of Scientific Instruments，2004，75（6）：1941-1946.

［84］ Motomura T，Tanaka K，Shinohara S，et al. Characteristics of large diameter，high-density helicon plasma with short axial length using a flat spiral antenna [J]. Journal of Plasma and Fusion Research Series，2009，8：6.

［85］ Shinohara S，Hada T，Motomura T，et al. Development of high-density helicon plasma sources and their applications [J]. Physics of Plasmas，2009，16（5）：057104.

［86］ Celik M. Spectral measurements of inductively coupled and helicon discharge modes of a laboratory argon plasma source [J]. Spectrochimica Acta Part B：Atomic Spectroscopy，2011，66（2）：149-155.

［87］ Blackwell D D，Chen F F. Two-dimensional imaging of a helicon discharge [J]. Plasma Sources Science and Technology，1997，6（4）：569.

［88］ Zhao G，Wang H，Si X，et al. The discharge characteristics in nitrogen helicon plasma [J]. Physics of Plasmas，2017，24（12）：123507.

［89］ Hu Y，Ji P，Yang J，et al. Effects of matching network on mode transitions in a helicon wave plasma source [J]. Journal of Applied Physics，2020，128（4）：043301.

［90］ Wu M Y，Xiao C J，Liu Y，et al. Effects of magnetic field on electron power absorption in helicon fluid simulation [J]. Plasma Science and Technology，2021，23（8）：085002.

［91］ Wu M，Xiao C，Wang X，et al. Relationship of mode transitions and standing waves in helicon plasmas [J]. Plasma Science and Technology，2022，24：055002.

［92］ 吴明阳. 电推进中螺旋波放电和离子回旋共振能化的研究 [D]. 北京：北京大学，2021.

［93］ Franck C M，Grulke O，Stark A，et al. Measurements of spatial structures of different discharge modes in a helicon source [J]. Plasma Sources Science and Technology，2005，14（2）：226.

［94］ Corr C S，Boswell R W. High-beta plasma effects in a low-pressure helicon plasma [J]. Physics of Plasmas, 2007, 14 (12): 122503.

[95] Thakur S C, Brandt C, Cui L, et al. Formation of the blue core in argon heli-con plasma [J]. IEEE Transactions on Plasma Science, 2015, 43 (8): 2754-2759.

[96] Thakur S C, Brandt C, Cui L, et al. Multi-instability plasma dynamics during the route to fully developed turbulence in a helicon plasma [J]. Plasma Sources Science & Technology, 2014, 23 (4): 044006.

[97] Sakawa Y, Kunimatsu H, Kikuchi H, et al. Plasma production by helicon and slow waves [J]. Physical Review Letters, 2003, 90 (10): 105001.

[98] Shinohara S, Motomura T, Tanaka K, et al. Large-area high-density helicon plasma sources [J]. Plasma Sources Science and Technology, 2010, 19 (3): 034018.

[99] Schröder C, Grulke O, Klinger T, et al. Drift waves in a high-density cylindri-cal helicon discharge [J]. Physics of Plasmas, 2005, 12 (4): 042103.

[100] Sudit I D, Chen F F. Discharge equilibrium of a helicon plasma [J]. Plasma Sources Science and Technology, 1996, 5 (1): 43.

[101] Chen F F, Sudit I D, Light M. Downstream physics of the helicon discharge [J]. Plasma Sources Science and Technology, 1996, 5 (2): 173.

[102] Lee C A, Chen G, Arefiev A V, et al. Measurements and modeling of radio frequency field structures in a helicon plasma [J]. Physics of Plasmas, 2011, 18 (1): 013501.

[103] Degeling A W, Sheridan T E, Boswell R W. Intense on-axis plasma produc-tion and associated relaxation oscillations in a large volume helicon source [J]. Physics of Plasmas, 1999, 6 (9): 3664-3673.

[104] Umair Siddiqui M, Hershkowitz N. Double layer-like structures in the core of an argon helicon plasma source with uniform magnetic fields [J]. Physics of Plasmas, 2014, 21 (2): 020707.

[105] Ghosh S, Barada K K, Chattopadhyay P K, et al. Localized electron heating and density peaking in downstream helicon plasma [J]. Plasma Sources Science and Technology, 2015, 24 (3): 034011.

[106] Hairapetian G, Stenzel R L. Observation of a stationary, current-free double layer in a plasma [J]. Physical Review Letters, 1990, 65 (2): 175.

[107] Charles C, Boswell R. Current-free double-layer formation in a high-density helicon discharge [J]. Applied Physics Letters, 2003, 82 (9): 1356-1358.

[108] Keesee A M, Scime E E, Charles C, et al. The ion velocity distribution func-

tion in a current-free double layer [J]. Physics of Plasmas, 2005, 12 (9): 093502.

[109] Plihon N, Chabert P, Corr C S. Experimental investigation of double layers in expanding plasmas [J]. Physics of Plasmas, 2007, 14 (1): 013506.

[110] Sutherland O, Charles C, Plihon N, et al. Experimental evidence of a double layer in a large volume helicon reactor [J]. Physical Review Letters, 2005, 95 (20): 205002.

[111] Sun X, Keesee A M, Biloiu C, et al. Observations of ion-beam formation in a current-free double layer [J]. Physical Review Letters, 2005, 95 (2): 025004.

[112] Ghosh S, Yadav S, Barada K K, et al. Formation of annular plasma downstream by magnetic aperture in the helicon experimental device [J]. Physics of Plasmas, 2017, 24 (2): 020703.

[113] Bennet A, Charles C, Boswell R. Separating the location of geometric and magnetic expansions in low-pressure expanding plasmas [J]. Plasma Sources Science and Technology, 2018, 27 (7): 075003.

[114] Ghosh S, Chattopadhyay P K, Ghosh J, et al. Transition from single to multiple axial potential structure in expanding helicon plasma [J]. Journal of Physics D: Applied Physics, 2017, 50 (6): 065201.

[115] Takahashi K, Oguni K, Yamada H, et al. Ion acceleration in a solenoid-free plasma expanded by permanent magnets [J]. Physics of Plasmas, 2008, 15 (8): 084501.

[116] Sung Y T, Li Y, Scharer J E. Observation of warm, higher energy electrons transiting a double layer in a helicon plasma [J]. Physics of Plasmas, 2015, 22 (3): 034503.

[117] Meige A, Boswell R W, Charles C, et al. One-dimensional particle-in-cell simulation of a current-free double layer in an expanding plasma [J]. Physics of Plasmas, 2005, 12 (5): 052317.

[118] Schröder T, Grulke O, Klinger T. The influence of magnetic-field gradients and boundaries on double-layer formation in capacitively coupled plasmas [J]. Europhysics Letters, 2012, 97 (6): 65002.

[119] Sun X, Cohen S A, Scime E E, et al. On-axis parallel ion speeds near mechanical and magnetic apertures in a helicon plasma device [J]. Physics of Plasmas, 2005, 12 (10): 103509.

[120] Charles C, Boswell R W. The magnetic-field-induced transition from an expan-

ding plasma to a double layer containing expanding plasma [J]. Applied Physics Letters, 2007, 91 (20): 201505.

[121] Charles C. Hydrogen ion beam generated by a current-free double layer in a helicon plasma [J]. Applied Physics Letters, 2004, 84 (3): 332-334.

[122] Saha S K, Raychaudhuri S, Chowdhury S, et al. Two-dimensional double layer in plasma in a diverging magnetic field [J]. Physics of Plasmas, 2012, 19 (9): 092502.

[123] Wang Y Q, Cui R L, Han R Y, et al. Comparison of double layer in argon helicon plasma and magnetized DC discharge plasma [J]. Plasma Science and Technology, 2022, 24 (3): 035401.

[124] Yang K Y, Cui R L, Zhu W Y, et al. Effect of magnetic field on double layer in argon helicon plasma [J]. High Voltage, 2021, 6 (2): 358-365.

[125] Chen F F, Blackwell D D. Upper limit to Landau damping in helicon discharges [J]. Physical Review Letters, 1999, 82 (13): 2677.

[126] Cho S. The field and power absorption profiles in helicon plasma resonators [J]. Physics of Plasmas, 1996, 3 (11): 4268-4275.

[127] Borg G G, Boswell R W. Power coupling to helicon and Trivelpiece-Gould modes in helicon sources [J]. Physics of Plasmas, 1998, 5 (3): 564-571.

[128] Mouzouris Y, Scharer J E. Wave propagation and absorption simulations for helicon sources [J]. Physics of Plasmas, 1998, 5 (12): 4253-4261.

[129] Arnush D. The role of Trivelpiece-Gould waves in antenna coupling to helicon waves [J]. Physics of Plasmas, 2000, 7 (7): 3042-3050.

[130] Shinohara S, Shamrai K P. Effect of electrostatic waves on a rf field penetration into highly collisional helicon plasmas [J]. Thin Solid Films, 2002, 407 (1-2): 215-220.

[131] Lorenz B, Krämer M, Selenin V L, et al. Excitation of short-scale fluctuations by parametric decay of helicon waves into ion-sound and Trivelpiece-Gould waves [J]. Plasma Sources Science and Technology, 2005, 14 (3): 623.

[132] Chen G, Arefiev A V, Bengtson R D, et al. Resonant power absorption in helicon plasma sources [J]. Physics of Plasmas, 2006, 13 (12): 123507.

[133] Kim S H, Hwang Y S. Collisional power absorption near mode conversion surface in helicon plasmas [J]. Plasma Physics and Controlled Fusion, 2008, 50 (3): 035007.

[134] Caneses J F, Blackwell B D. Collisional damping of helicon waves in a high density hydrogen linear plasma device [J]. Plasma Sources Science and Tech-

nology，2016，25（5）：055027.

[135] Piotrowicz P A，Caneses J F，Showers M A，et al. Direct measurement of the transition from edge to core power coupling in a light-ion helicon source [J]. Physics of Plasmas，2018，25（5）：052101.

[136] Piotrowicz P A，Caneses J F，Green D L，et al. Helicon normal modes in Proto-MPEX［J］. Plasma Sources Science and Technology，2018，27 （5）：055016.

[137] Du D，Xiang D，Cao J J，et al. Excitation of Trivelpiece-Gould Waves and Helicon Waves by Double-Saddle Antenna in H-1 Heliac Plasma [J]. Journal of the Physical Society of Japan，2019，88（5）：054501.

[138] Sakawa Y，Takino T，Shoji T. Contribution of slow waves on production of high-density plasmas by m=0 helicon waves [J]. Physics of Plasmas，1999，6（12）：4759-4766.

[139] Park B H，Yoon N S，Choi D I. Calculation of reactor impedance for helicon discharge［J］. IEEE Transactions on Plasma Science，2001，29（3）：502-511.

[140] Mouzouris Y，Scharer J E. Modeling of profile effects for inductive helicon plasma sources [J]. IEEE Transactions on Plasma Science，1996，24（1）：152-160.

[141] Cho S，Lieberman M A. Self-consistent discharge characteristics of collisional helicon plasmas [J]. Physics of Plasmas，2003，10（3）：882-890.

[142] Shamrai K P. Stable modes and abrupt density jumps in a helicon plasma source [J]. Plasma Sources Science and Technology，1998，7（4）：499.

[143] Cho S，Kwak J G. The effects of the density profile on the power absorption and the equilibrium density in helicon plasmas [J]. Physics of Plasmas，1997，4（11）：4167-4172.

[144] Virko V F，Kirichenko G S，Shamrai K P. Geometrical resonances of helicon waves in an axially bounded plasma [J]. Plasma Sources Science and Technology，2002，11（1）：10.

[145] Akhiezer A I，Mikhailenko V S，Stepanov K N. Ion-sound parametric turbulence and anomalous electron heating with application to helicon plasma sources [J]. Physics Letters A，1998，245（1-2）：117-122.

[146] Carter M D，Baity Jr F W，Barber G C，et al. Comparing experiments with modeling for light ion helicon plasma sources [J]. Physics of Plasmas，2002，9（12）：5097-5110.

[147] Eom G S, Kim J, Choe W. Wave mode conversion and mode transition in very high radio frequency helicon plasma [J]. Physics of Plasmas, 2006, 13 (7): 073505.

[148] Isayama S, Shinohara S, Hada T, et al. Underlying competition mechanisms in the dynamic profile formation of high-density helicon plasma [J]. Physics of Plasmas, 2019, 26 (2): 023517.

[149] Zhao G, Zhu W Y, Wang H H, et al. Study of axial double layer in helicon plasma by optical emission spectroscopy and simple probe [J]. Plasma Science and Technology, 2018, 20 (7): 075402.

[150] Chen F F. Introduction to plasma physics and controlled fusion [M]. New York: Plenum Press, 1984.

[151] Donnelly V M. Plasma electron temperatures and electron energy distributions measured by trace rare gases optical emission spectroscopy [J]. Journal of Physics D: Applied Physics, 2004, 37 (19): R217.

[152] Zhu X M, Pu Y K. Using OES to determine electron temperature and density in low-pressure nitrogen and argon plasmas [J]. Plasma Sources Science and Technology, 2008, 17 (2): 024002.

[153] Czerwiec T, Graves D B. Mode transitions in low pressure rare gas cylindrical ICP discharge studied by optical emission spectroscopy [J]. Journal of Physics D: Applied Physics, 2004, 37 (20): 2827.

[154] Clarenbach B, Lorenz B, Krämer M, et al. Time-dependent gas density and temperature measurements in pulsed helicon discharges in argon [J]. Plasma Sources Science and Technology, 2003, 12 (3): 345.

[155] Younus M, Rehman N U, Shafiq M, et al. Characterization of RF He-N$_2$/Ar mixture plasma via Langmuir probe and optical emission spectroscopy techniques [J]. Physics of Plasmas, 2016, 23 (8): 083521.

[156] Boffard J B, Lin C C, DeJoseph Jr C A. Application of excitation cross sections to optical plasma diagnostics [J]. Journal of Physics D: Applied Physics, 2004, 37 (12): R143.

[157] Boffard J B, Piech G A, Gehrke M F, et al. Electron impact excitation out of the metastable levels of argon into the level [J]. Journal of Physics B: Atomic, Molecular and Optical Physics, 1996, 29 (22): L795.

[158] Boffard J B, Piech G A, Gehrke M F, et al. Measurement of electron-impact excitation cross sections out of metastable levels of argon and comparison with ground-state excitation [J]. Physical Review A, 1999, 59 (4): 2749.

[159] Takahashi K，Charles C，Boswell R W，et al. Electron energy distribution of a current-free double layer：Druyvesteyn theory and experiments [J]. Physical Review Letters，2011，107（3）：035002.

[160] Godyak V A，Demidov V I. Probe measurements of electron-energy distributions in plasmas：what can we measure and how can we achieve reliable results? [J]. Journal of Physics D：Applied Physics，2011，44（23）：233001.

[161] Malyshev M V，Donnelly V M. Trace rare gases optical emission spectroscopy：nonintrusive method for measuring electron temperatures in low-pressure，low-temperature plasmas [J]. Physical Review E Statistical Physics Plasmas Fluids & Related Interdisciplinary Topics，1999，60（5）：6016.

[162] Behringer K. Diagnostics and modelling of ECRH microwave discharges [J]. Plasma Physics and Controlled Fusion，1991，33（9）：997.

[163] Goebel D M，Wirz R E，Katz I. Analytical ion thruster discharge performance model [J]. Journal of Propulsion and Power，2007，23（5）：1055-1067.

[164] Scime E，Hardin R，Biloiu C，et al. Flow，flow shear，and related profiles in helicon plasmas [J]. Physics of Plasmas，2007，14（4）：043505.

[165] Biloiu I A，Scime E E，Biloiu C. Ion beam acceleration in a divergent magnetic field [J]. Applied Physics Letters，2008，92（19）：191502.

[166] Godyak V A，Piejak R B. Abnormally low electron energy and heating-mode transition in a low-pressure argon rf discharge at 13. 56 MHz [J]. Physical Review Letters，1990，65（8）：996.

[167] Chen F F. The low-field density peak in helicon discharges [J]. Physics of Plasmas，2003，10（6）：2586-2592.

[168] Wang Y，Zhao G，Niu C，et al. Reversal of radial glow distribution in helicon plasma induced by reversed magnetic field [J]. Plasma Science and Technology，2017，19（2）：024003.

[169] 王宇. 螺旋波等离子体低场峰的机理研究 [D]. 北京：北京理工大学，2016.

[170] Kim J H，Yun S M，Chang H Y. m＝±1 and m＝±2 mode helicon wave excitation [J]. IEEE Transactions on Plasma Science，1996，24（6）：1364-1370.

[171] Chen F F，Torreblanca H. Density jump in helicon discharges [J]. Plasma Sources Science and Technology，2007，16（3）：593.

[172] Kwak JG，Kim S K，Cho S. Power balance consideration of density jumps in pulsed helicon discharges [C]//AIP Conference Proceedings. American Institute of Physics. Savannah，Georgiu：AIP Publishing，1997，403（1）：443.

[173] Clarenbach B，Krämer M，Lorenz B. Spectroscopic investigations of electron heating in a high-density helicon discharge ［J］. Journal of Physics D：Applied Physics，2007，40（17）：5117.

[174] Nakamura K，Suzuki K，Sugai H S H. Hot spots and electron heating processes in a helicon-wave excited plasma ［J］. Japanese Journal of Applied Physics，1995，34（4S）：2152.

[175] Glasser J，Chapelle J，Boettner J C. Abel inversion applied to plasma spectroscopy：a new interactive method ［J］. Applied Optics，1978，17（23）：3750-3754.

[176] Niemi K，Krämer M. Helicon mode formation and radio frequency power deposition in a helicon-produced plasma ［J］. Physics of Plasmas，2008，15（7）：073503.

[177] 何超，吴东升，平兰兰. 径向温度和压强分布对螺旋波等离子体能量分布和场型的影响 ［J］. 中国科学技术大学学报，2019，49（12）：985.

[178] 段朋振，李益文，张百灵，等. 磁场作用下螺旋波与 TG 波耦合模式数值模拟研究 ［J］. 推进技术，2018，39（8）：1897-1904.